AIGC
应用实战

雷波◎编著

互动咨询+办公应用+教育学习+
文案写作+绘画设计+视频音频

化学工业出版社

·北京·

内 容 简 介

本书较全面地讲解了人工智能技术在多个领域的实践应用，内容聚焦于办公、生活日常、图片处理、绘画、摄影、设计、音频、视频、数字人、电商、教育等应用场景。

本书讲解了许多 AI（人工智能）实用软件的具体操作方法，节省了读者自行摸索 AI 工具的时间，更是以大量实战案例展示了若干应用场景下的 AI 解决方案，并以此展示了 AI 如何重塑各行各业的工作方式，提高人们的效率，使读者可以快速借鉴和应用到自身的工作与生活中，以便顺应并引领未来 AI 时代工作方式的变革。

本书不仅适合希望借助 AI 软件提高自身工作效率的人员，也可以在开设了 AI 应用或探索相关课程的学院或培训机构当作教材使用。

图书在版编目（CIP）数据

AIGC应用实战：互动咨询+办公应用+教育学习+
文案写作+绘画设计+视频音频 / 雷波编著. —北京：
化学工业出版社，2024.6
ISBN 978-7-122-45331-0

Ⅰ.①A… Ⅱ.①雷… Ⅲ.①人工智能 Ⅳ.①TP18

中国国家版本馆CIP数据核字（2024）第066250号

责任编辑：李 辰 孙 炜　　　　　　　　　封面设计：异一设计
责任校对：李雨函　　　　　　　　　　　　装帧设计：盟诺文化

出版发行：化学工业出版社（北京市东城区青年湖南街13号　邮政编码100011）
印　　装：北京宝隆世纪印刷有限公司
710mm×1000mm　1/16　印张13　字数272千字　2024年7月北京第1版第1次印刷

购书咨询：010-64518888　　　　　　　　售后服务：010-64518899
网　　址：http://www.cip.com.cn
凡购买本书，如有缺损质量问题，本社销售中心负责调换。

定　　价：78.00元

前 言
PREFACE

在 AI 技术迅猛发展的大背景下，人们的生活与工作正经历着深刻的变革，且面临着挑战。如何更好地学习并使用 AI 技术，以高效地完成工作成为每一个人都要面对的重要课题。

作者编写本书的目的正是通过全面展示 AI 技术在各个领域的实际应用，让读者理解 AI 的潜力与价值，以及如何将其融入日常工作和生活中，提高读者对 AI 的认知与应用水平。以此来规避 AI 对传统工作岗位产生的冲击以及一些简单的、规则性强的工作可能面临的被替代的风险。通过此书读者可以不断提升自身的技能水平，向更高级、更专业的方向发展。

本书第 1、2 章主要介绍了 AI 在办公和生活中的具体应用，包括在工作中如何利用 AI 高效地创作格式化的文档、写小说、制作 PPT，以及在生活中如何利用 AI 写朋友圈文案、创建旅游攻略等。

第 3 章到第 6 章具体讲解了 AI 在图片处理、绘画、摄影、设计方面的具体应用。

第 7 章到第 9 章主要讲解了 AI 在音频、视频、数字人领域的具体应用。

第 10 章到第 12 章聚焦于电商、教育、产品设计领域的 AI 实践。

"案例式教学"是本书的一大亮点，本书采用具体的 AI 工具与具体应用案例相对应的讲解方式，深入浅出地介绍了人工智能在各个领域的实际应用。

通过丰富的案例分析，读者不仅能掌握 AI 工具的使用方法，还能学会如何将这些工具灵活运用到解决实际问题中去。这种方式的教学有助于提高读者的学习兴趣，增强实践操作能力，培养创新思维，并对人工智能技术有更直观、更全面的认识。

同时，每个案例都经过精心挑选和设计，力求覆盖不同行业与场景，使读者能够在阅读过程中拓宽视野，激发思考，真正做到理论与实践相结合，学以致用。

除此之外，本书还有四大特点。

全面的实践经验总结：本书提供了丰富的实践案例和解决方案，帮助读者快速将 AI 技术应用于实际的工作和生活。

高效解决问题：书中包含一系列针对日常工作中的典型痛点或生活场景下常见问题的 AI 解决方案，大大节省自行探索和试验的时间成本。

启发创新思维：通过阅读本书这些现成的应用实例，读者能够了解到如何创造性地运用 AI 技术来优化流程、提高效能，甚至发掘全新的商业模式和服务方式。

跨行业普适性：涵盖互动咨询、办公应用、教育学习、文案写作、绘画设计、视频音频摄像、电商、产品设计等多个领域，意味着它具有广泛的适用性和可迁移性，有助于不同行业的从业者获取跨界灵感。

需要特别指出的是 AI 技术更新迭代速度很快，所以，在学习本书以及 AI 相关技术时，必须重视以下两个核心要领。

第一，明白 AI 工具的底层逻辑和操作流程，以应对不断更新的 AI 软件版本。

第二，始终保持对新兴 AI 工具和技术动态的高度关注和敏锐洞察力。通过积极实践和终身学习的态度，跟踪人工智能在各大领域的革新应用。例如，可以关注我们的微信公众号"好机友摄影视频拍摄与 AIGC"，或者添加笔者团队微信号 hjysysp 沟通交流，以确保各位读者能够紧跟 AI 视频编辑技术的发展步伐，并将其应用于实际创作中，以提升 AI 创作的艺术表现力和技术含量。

为拓展本书内容，笔者赠送持续更新的 AIGC 学习云文档。获取方法为关注"好机友视频拍摄及 AIGC"公众号，并在公众号界面回复本书第 137 页最后一个字。

特别提示：在编写本书时，参考并使用了当时最新的 AI 工具界面截图及功能作为实例进行讲解。然而，由于从书籍的编撰、审阅到最终出版，存在一定的周期，在这个过程中，AI 工具可能会进行版本更新或功能迭代，因此实际的用户界面及部分功能可能与书中所示有所不同。提醒各位读者在阅读和学习的过程中，要根据书中的基本思路和原理，结合当前所使用的 AI 工具的实际界面和功能进行灵活变通和应用，举一反三。

编著者

目 录
CONTENTS

第4章　AI在绘画、摄影中的具体应用

第5章　AI绘画的具体案例

第6章　AI在设计领域的具体应用

第7章　AI在音频中的具体应用

第8章 AI在视频中的具体应用

第9章 AI在数字人领域的具体应用

第10章　AI在电商领域的具体应用

第11章　AI在教育领域的具体应用

第12章　AI在产品设计领域的具体应用

第 1 章
AI 在办公中的具体应用

用 AI 创作格式化文档

WPS AI简介及特点

　　WPS AI 是金山办公旗下国内协同办公第一款类 ChatGPT 式应用，具备强大的大语言模型能力，它于 2023 年 4 月 18 日正式发布。通过 AIGC、阅读理解和问答、人机交互等方面的融合，将 AI 生成的内容直接嵌入到文档中，并根据文档格式的要求进行实时更改。

　　WPS AI 提供了起草、改写、总结、润色、翻译、续写等多种功能，可以生成各类工作总结、广告文案、社交媒体推文、文章大纲、招聘文案、待办事项、创意故事、旅行游记等内容。在与 AI 进行交互的过程中，使用者还可以插入已有的一篇或多篇文档作为参考素材，使生成的内容更加贴近已有内容的风格。

　　相对于其他 AI 写作工具，WPS AI 的实用性强，再加上 WPS 本身的文档编辑及打印功能，可以让使用者写作各种文案事半功倍。

基本使用方法

01 打开 WPS 软件，在"新建"界面中，单击"智能文档"图标，如图 1.1 所示。

> 提示：在普通WPS文档中按两次 Ctrl键，即可召唤出WPS AI。

图 1.1

02 建好文档后，进入如图 1.2 所示的页面。

图 1.2

03 单击 WPS AI 图标，出现如图 1.3 所示的窗口，选择要写的文档类型，开始创作。

图 1.3

04 目前，WPS AI 可以起草"文章大纲""头脑风暴""新闻稿""广告文案""会议提纲""待办列表""SWOT 分析""运营策划案""演讲稿"等 18 个类型的文档，也可以从"灵感市集"选择模板一键生成，其涵盖的领域范围十分广阔，"灵感市集"界面如图 1.4 所示。

图 1.4

接下来为大家介绍几个 WPS AI 不同类型文本的使用。

用 AI 创作新闻稿

01 单击 WPS AI 中的"新闻稿"图标，在文本框中输入新闻主题，笔者输入了"冬季流感高发"作为新闻主题，如图 1.5 所示。

图 1.5

02 单击文本框右侧的"发送"图标，AI自动生成新闻稿。笔者生成的新闻稿如图1.6所示。

冬季流感高发，公众应加强防护

随着冬季的到来，流感病毒又开始活跃起来，让人们再次面临流感的威胁。据省疾病预防控制中心主任医师宋猛表示，从我省实施新冠病毒"乙类乙管"以来，随着冬季的到来，呼吸道疾病也将随之进入了高发季节，特别是肺炎支原体、新冠感染、流感等。

据国家流感中心最新数据，截至11月23日最近一期流感监测报告显示，11月13日至11月19日期间，全国共报告205起流感样病例。这个数字相比前一周增加了近30%，表明流感的传播速度正在加快。

冬季是呼吸道感染的高发季节，除了流感病毒外，还可能有其他呼吸道病毒如呼吸道合胞病毒、腺病毒等。这些病毒通常在人员密集的场所传播，如学校、家庭、公共交通等。因此，人们应该注意个人卫生，保持室内空气流通，避免前往人员密集的场所。

对于流感病毒的预防，专家建议公众应该注意以下几点：一是加强个人卫生习惯，勤洗手、不共用个人卫生用品、避免接触呼吸道感染患者等；二是保持室内空气流通，每天至少开窗通风2次，每次不少于30分钟；三是注意饮食均衡，保持良好的作息时间；四是如有呼吸道感染症状，应及时就医并遵医嘱。

面对流感的威胁，公众应保持警惕，加强预防措施，保护自己和他人的健康。同时，政府和医疗机构也应该加强疫情监测和防控措施，为公众提供更好的医疗服务。让我们共同度过一个健康的冬季！

① AI生成的内容仅供参考，请注意甄别信息准确性。

✓ 完成 C 重试 ✎ 续写 ✕ 弃用   ↶ ↷ 👍 👎 限时体验

图1.6

03 如果对生成的新闻稿不满意，可单击文本框下方的"重试"按钮或者"续写"按钮。

04 单击"完成"按钮，文本自动填充到在线文档中，可对其进行修改优化，如图1.7所示。

> 提示："重试"是清除已生成的文本，重新生成新文本；"续写"是保留已生成的文本继续生成新文本。

图1.7

用AI创作招聘岗位介绍

01 单击WPS AI中的"招聘岗位介绍"图标，在文本框中输入岗位名称，笔者输入了"新媒体运营"的招聘岗位介绍如图1.8所示。

图1.8

02 单击文本框右侧的"发送"图标，AI自动生成岗位介绍文本。笔者生成的岗位介绍如图1.9所示。

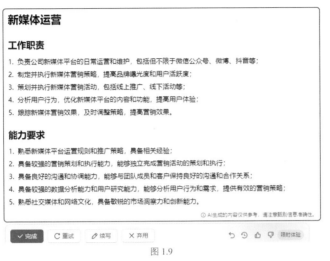

图 1.9

03 同样，如果对生成的岗位介绍不满意，可单击文本框下方的"重试"按钮或者"续写"按钮。单击"完成"按钮即可进行编辑优化。

用 AI 创作教学教案

01 单击 WPS AI 中的"教学教案"图标，在文本框中输入主题，笔者输入了"朱自清《春》"如图1.10 所示。

图 1.10

02 单击文本框右侧的"发送"图标，AI自动生成教学教案。笔者生成的教学教案如图1.11所示。

图 1.11

03 如果对生成的教学教案不满意，可单击文本框下方的"重试"按钮或者"续写"按钮。单击"完成"按钮即可进行编辑优化。

用 AI 创作劳动合同

01 单击 WPS AI 中的 "灵感市集" 按钮，在搜索指令框中输入 "劳动合同"，显示结果如图 1.12 所示。

图 1.12

02 单击 "劳动合同模板" 中的 "使用" 按钮，显示如图 1.13 所示的页面。

图 1.13

03 在需要填写的文本框内填入内容，笔者填入的合同内容如图 1.14 所示。

WPS AI 限时体验

现在你是一位人事专员。你需要为一家公司新员工提供一份劳动合同模板。该模板应包括内容有：①该公司所属行业为 传媒 ，②合同工作地点为 北京 ，③合同职位为 新媒体运营 ，④岗位职责和工作内容请根据职位补充完整，⑤合同期限为 固定期限2年 ，⑥薪资待遇为 月薪9000元 ，⑦工时制度为 标准工时制 。请按照上述要求生成完整的劳动合同，直接输出结果，不要返回其他内容。

图 1.14

04 单击文本框右侧的 "发送" 图标，AI 自动生成劳动合同。同样，也可以对其重新生成或者编辑优化。笔者生成的劳动合同如图 1.15 所示。

劳动合同

甲方（用人单位）：＿＿＿＿＿＿＿

乙方（劳动者）：＿＿＿＿＿＿＿

根据《中华人民共和国劳动法》、《中华人民共和国劳动合同法》及相关法律法规的规定，甲乙双方在平等、自愿、协商一致的基础上，订立本劳动合同，以明确双方的权利义务关系。

一、公司信息

公司名称：＿＿＿＿＿＿＿

公司地址：＿＿＿＿＿＿＿

联系电话：＿＿＿＿＿＿＿

公司所属行业：传媒

二、合同条款

1. 合同期限：本合同为固定期限劳动合同，期限为2年。

2. 工作地点：本合同工作地点为北京。

3. 职位：乙方应在甲方公司担任新媒体运营职位。

4. 岗位职责和工作内容：乙方应按照甲方公司规定，负责新媒体运营工作，包括但不限于社交媒体平台的日常维护、内容策划与发布、粉丝互动与维护等。具体职责和内容以甲方公司内部规定为准。

5. 工作时间和休息休假：本合同执行标准工时制度，乙方的工作时间和休息休假按照国家相关法律法规执行。

6. 薪酬待遇：乙方月薪为9000元，具体薪酬待遇以甲方公司内部规定为准。

7. 社会保险和福利：甲方按照国家和地方规定为乙方缴纳社会保险和福利，乙方应按照相关规定缴纳个人所得税和其他税费。

8. 违约责任：本合同一经签订，甲乙双方必须严格遵守，如有违约行为，按照相关法律法规和公司规定承担违约的责任。

9. 其他约定：本合同未尽事宜，可由甲乙双方协商解决。

三、合同签署

本合同一式两份，甲乙双方各执一份，自双方签字或盖章之日起生效。

甲方（用人单位）：＿＿＿＿＿＿＿　　　　乙方（劳动者）：＿＿＿＿＿＿＿

日期：＿＿＿＿＿＿＿　　　　　　　　　　日期：＿＿＿＿＿＿＿

图 1.15

用 AI 创作租房合同

01 单击 WPS AI 中的“灵感市集”按钮，在搜索指令框中输入“租房合同”，显示结果如图 1.16 所示。

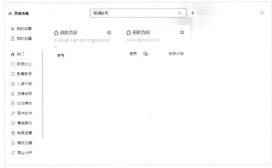

图 1.16

02 根据需求选择合适的模板，单击模板中的“使用”按钮，显示如图 1.17 所示的页面。

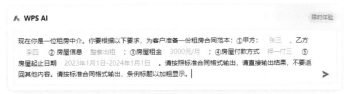

图 1.17

03 在需要填写的文本框内填入内容，笔者填入的租房合同内容如图 1.18 所示。

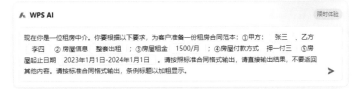

图 1.18

04 单击文本框右侧的“发送”图标，AI 自动生成合同。同样，也可以对其重新生成或者编辑优化。笔者生成的租房合同如图 1.19 所示。

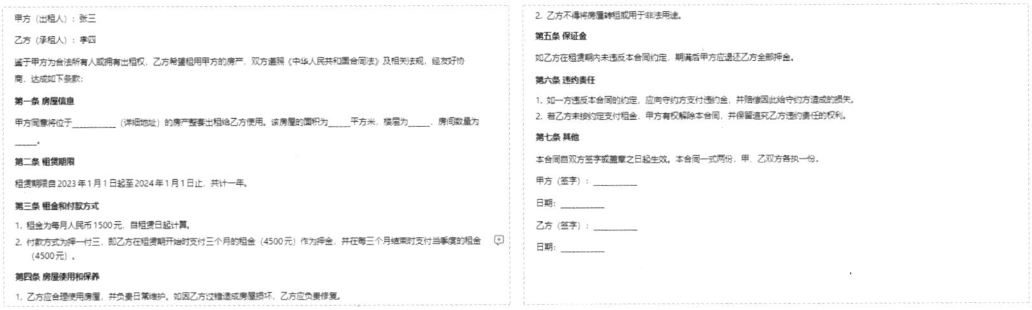

甲方（出租人）：张三

乙方（承租人）：李四

鉴于甲方为合法所有人或拥有出租权，乙方希望租用甲方的房产，双方遵照《中华人民共和国合同法》及相关法规，经友好协商，达成如下条款：

第一条 房屋信息

甲方同意将位于__________（详细地址）的房产整套出租给乙方使用。该房屋的面积为_____平方米，楼层为_____，房间数量为_____。

第二条 租赁期限

租赁期限自 2023 年 1 月 1 日起至 2024 年 1 月 1 日止，共计一年。

第三条 租金和付款方式

1. 租金为每月人民币 1500 元，自租赁日起计算。
2. 付款方式为押一付三，即乙方在租赁期开始时支付三个月的租金（4500 元）作为押金，并在每三个月结束时支付当季度的租金（4500 元）。

第四条 房屋使用和保养

1. 乙方应合理使用房屋，并负责日常维护。如因乙方过错造成房屋损坏，乙方应负责修复。
2. 乙方不得将房屋转租或用于非法用途。

第五条 保证金

如乙方在租赁期内未违反本合同约定，期满后甲方应退还乙方全部押金。

第六条 违约责任

1. 如一方违反本合同的约定，应向守约方支付违约金，并赔偿因此给守约方造成的损失。
2. 若乙方未按约定支付租金，甲方有权解除本合同，并保留追究乙方违约责任的权利。

第七条 其他

本合同自双方签字或盖章之日起生效。本合同一式两份，甲、乙双方各执一份。

甲方（签字）：__________

日期：__________

乙方（签字）：__________

日期：__________

图 1.19

用 AI 撰写小说故事

百度作家平台简介及特点

　　百度作家平台是由百度推出的一款 AI 小说创作工具，旨在加速小说创作的过程。借助这个工具，小说作者可以轻松生成情节、对话和角色，从而提高创作效率。同时，百度作家平台还提供了小说发布功能，让作者们可以与读者进行互动，构建自己的读者群。此平台为广大写作者提供了一个更方便、高效的创作环境。

　　相较于其他的 AI 创作工具，百度作家平台专注于小说故事的创作，在 AI 故事创作领域的功能很齐全。如果你是一名作家，可以使用这个 AI 工具很快创作一篇故事完整的小说，方便又快捷。

基本使用方法

01 打开 https://zuojia.baidu.com/ 网址，注册并登录后进入如图 1.20 所示的页面。

02 单击左侧菜单中的"开始创作"图标，即可开始创作。

图 1.20

　　利用 AI 工具创作是有一定技巧的，要学会"明确目标""描述想法""需求调整""逐步精细化且人化"。接下来笔者针对百度作家平台这个工具讲一下具体的应用技巧。

03 首先，要明确自己的写作目标。脑海中先构思一下自己想创作一篇什么类型和篇幅的文章，是想写短篇故事还是写长篇小说，是写爱情故事还是魔幻故事等，这些大体的写作目标思路得明确。

　　百度作家创作的作品分为"写故事"和"写小说"两大类，如图 1.21 所示。两者的区别在于字数的多少，"写故事"创作的是 2.5 万字以内的短篇故事，"写小说"创作的是多章节的长篇小说，两者的 AI 创作流程一致。

图 1.21

04 笔者的创作目标是想写一篇乡村支教的短篇故事，因此接下来以"写故事"为例展开创作。单击"写故事"中的"去创作"按钮，进入如图1.22所示的页面。

图 1.22

05 接下来，要借助AI工具进行描述。尽可能地把自己的想法通过输入内容细致地描述出来。百度作家平台有"AI续写""AI助手""AI工具箱""智能校阅"4个功能板块。

» "AI续写"是指创作者输入的相关系统设置指令后，AI自动进行下文的撰写。

» "AI助手"是指创作者输入具体的问题指令，由AI提供创作灵感与素材，解答创作疑问。

» "AI工具箱"中有6个小工具，分别为"生成细纲""扩写""细节描写""润色""小说设定""角色起名"。

» "智能校阅"是指由AI自动查找文章中的错别字和敏感词。

其中，"AI工具箱"作为桥梁可以让我们的想法变成实际的故事内容。利用"AI工具箱"中的"生成细纲"可以生成故事的大纲，生成大纲的方式有两种，一种是"标签生成细纲"，另一种是"灵感生成细纲"。

选择"标签生成细纲"方式，要先选择标签，根据标签生成故事梗概和人物介绍，最后生成小说细纲，最多支持选中5个标签，如图1.23所示。

图 1.23

选择"灵感生成细纲"则先要输入你想要编写的故事大体内容，AI 根据输入的内容生成故事梗概和细纲，如图1.24 所示。

图 1.24

06 在此笔者想要创作的是一个"大学生支教"的故事，选择"灵感生成细纲"工具，在文本框中输入故事内容，尽可能细致地描述自己的想法。笔者输入的文字内容如图 1.25 所示。

图 1.25

07 单击右下方的"AI 帮写"按钮，AI 会自动生成故事细纲。这里 AI 自动为笔者生成了约 287 字的故事梗概、人物介绍和 10 章约 774 字的细纲。如果对生成的内容不满意，可以单击文本上方"换一换"按钮，重新生成。生成的具体内容如下（细纲部分因字数原因笔者只截取了前两章）。

故事梗概：在一个偏远的山村，新来了一位应届女大学生——林悦。她独自一人，带着满腔热情和理想，决心帮助这里的孩子们走出山村，看见更广阔的世界。林悦不仅教书育人，还积极联系外界，为山村引进教育资源。经过数年的努力，她成功地让许多孩子走出了山村，走进了大学。而她的事迹也感动了无数人，成为一个桃李满天下的传奇。

人物介绍：

张老师：林悦的同事，见证了林悦的努力和成就。

小李：林悦最早帮助的学生之一，成功走出山村，现在在大学读书。

小王：林悦的学生，曾对林悦的教诲心存疑虑，但最终被林悦打动。

小张：山村的孩子，因林悦的帮助而有了新的生活了。

小说细纲：

第一章：新开始

林悦，一位年轻有为的女大学生，初到偏远的山村，被眼前破旧的学校和贫困的孩子们深深触动。她坚信教育能改变命运，决定将自己的未来与这个山村紧密相连。

第二章：艰难的适应

林悦的教学工作起初并不顺利，山村里的孩子们对新的教学方法感到困惑，而家长们也对这位外来老师持怀疑态度。然而，林悦并未放弃，她坚信自己能帮助这些孩子看到更宽广的世界。

08 单击右下方的"填充文本"按钮，生成的内容自动填充到左侧的文字编辑区，如图1.26所示。

图 1.26

09 然后，根据自己的需求对内容进行调整优化。选中一段文字，会出现"润色""续写""扩写"3个小工具，如图1.27所示。笔者的需求是把故事的10章大纲进行扩写，丰富故事内容。单击"扩写"按钮，让AI进行填充。

图 1.27

10 内容扩写完成后单击"复制答案"按钮，对左侧文本编辑区中的原内容进行替换。笔者通过对每章的扩写，生成了9431字的短篇故事。

> 提示：不要单击"填充文本"按钮，因为填充的文本会自动补充到文章的最后，这样内容顺序会被破坏，所以一定要选择复制答案手动替换文本。

扩写的内容如下文所示，笔者对第一章的扩写进行了截取。

第一章：新开始

在初夏的阳光下，林悦望着窗外辽阔的绿色田野，心中充满了期待。她刚刚从繁华的都市踏入这个偏远的山村，一切都显得那么陌生。但她的目光中却充满了坚定和希望。

这所学校，就像一个古老的庄园，虽然破旧但依然屹立不倒。林悦被眼前的景象深深触动，她看到孩子们穿着破旧的衣服，却用渴望知识的眼神看着她。他们的脸上充满了纯真和希望，这让林悦想起了自己小时候。

林悦坚信，教育能改变命运。她知道，知识是孩子们未来的钥匙。看着那些贫困的孩子们，她心中暗下决心，决定将自己的未来与这个山村紧密相连。

她走上前去，与孩子们交流。她发现，他们对于知识的渴望并不亚于自己。林悦知道，她需要为他们做些什么。她决定留下来，成为一名教师，为这些孩子们带去希望和未来。

这个山村的生活是艰苦的，但林悦从未放弃过。她始终坚信，只要付出努力，总会有收获。她在这个偏远的山村中，找到了属于自己的使命和价值。每天，她都会给孩子们上课，教他们知识，带给他们希望。

她看着孩子们的笑容，心中充满了满足和喜悦。虽然生活艰辛，但林悦知道，她的付出都是值得的。时间如白驹过隙，转眼间几年过去。林悦已经成为这个山村的一份子，她与孩子们建立了深厚的感情。而这个曾经破旧不堪的学校，也因为林悦和孩子们的努力变得越来越好。

这个故事还在继续，林悦的坚守和付出，将会成为这个山村最宝贵的财富。而她的决定和勇气，也将激励更多的人去追求自己的梦想和价值。

11 单击"AI续写"中的"一键续写"按钮，继续续写故事。系统会给出3个续写的内容走向，笔者选择了第2个续写方向，如图1.28所示。

图 1.28

12 接下来对故事进行优化，选中文本单击"润色"按钮，AI 自动进行优化，新文本生成后替换旧的文本即可，如图 1.29 所示。

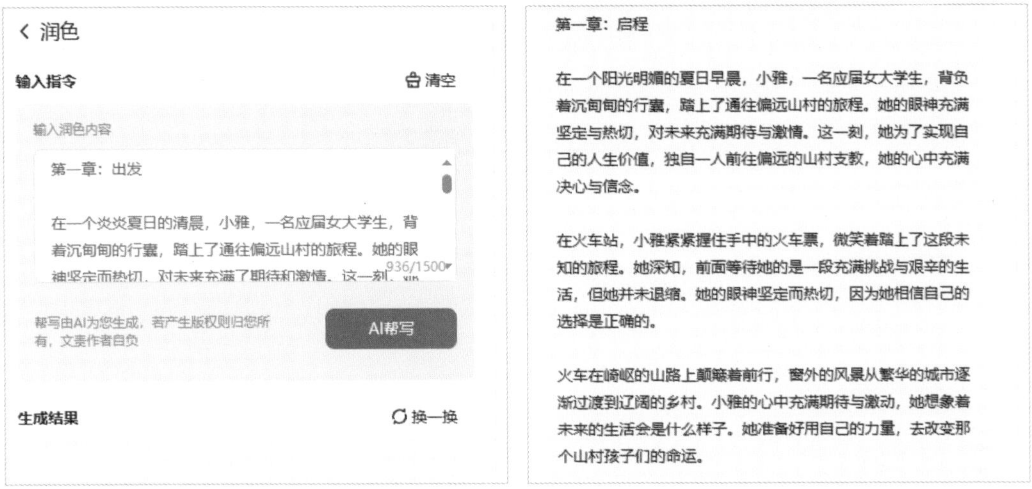

图 1.29

13 最后，对文章进行精细化改写，这个过程需要给故事添加人的想法、人的感情和人的情绪，整篇故事要有作者自己的观念和想法，使得故事更加有血有肉，生动耐看，吸引读者的观看。

14 故事编写完成后，单击上方的"保存"按钮即可保存故事。

15 单击"下一步"按钮，还可以发布文章，被推荐者有机会获得平台推荐的奖励，如图 1.30 所示。

> 提示：百度作家工具的故事内容是由AI生成的，若产生版权则归使用创作者所有，但是文责由作者自负。

图 1.30

用 AI 制作 PPT

WPS AI 简介及基本使用方法

前面已经介绍过 WPS，这里不再过多赘述，接下来我们将介绍 WPS AI 在 PPT 领域的应用。用 WPS AI 制作 PPT 可以实现一端多用、格式互转，方便快捷，可以一键将 PPT 转为 PDF 文档、图片等格式。

01 打开 WPS，在"新建"界面中，单击"新建 PPT"选项，在菜单栏中单击 WPS AI 图标，出现如图 1.31 所示的页面。

图 1.31

02 在文本框里输入幻灯片的主题并选择篇幅大小，单击"智能生成"按钮。笔者想要创作一个关于人工智能发展的短篇 PPT，在文本框中输入"人工智能的发展"，选择"短篇幅"选项，如图 1.32 所示。

图 1.32

03 WPS AI 生成的幻灯片分为"封面""目录""章节""正文"四大部分，可以选中文字对其进行修改和优化。笔者生成的关于人工智能发展的 PPT 总共 27 页，部分文字内容如图 1.33 所示。

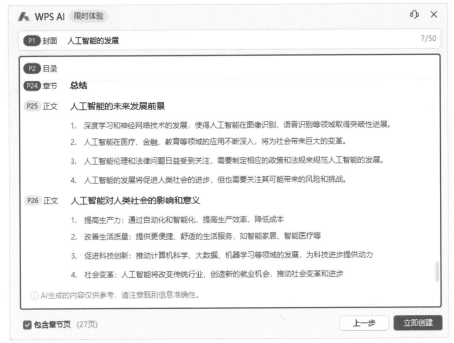

图 1.33

04 优化文字内容后，单击"立即创建"按钮，生成完整的幻灯片，生成的速度十分快捷。如图 1.34
所示为 WPS AI 生成的关于"人工智能发展"的 27 页完整幻灯片。

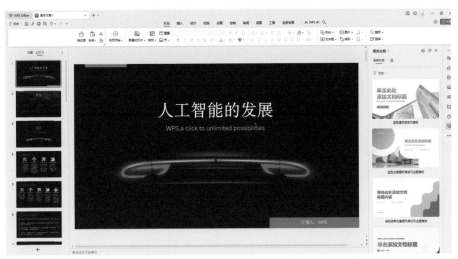

图 1.34

05 如果对生成的幻灯片主题不满意，可以单击右侧的"更换主题"，一键实现幻灯片主题的替换，
如图 1.35 所示为更换主题后的效果。

图 1.35

06 更换完主题后，可在 WPS 内像平常制作 PPT 一样进行编辑优化，然后进行保存，编辑完成后的
PPT 缩略图如图 1.36 所示。

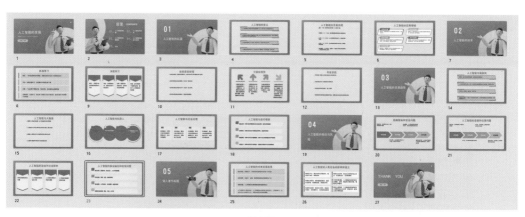

图 1.36

爱设计 PPT 简介及基本操作方法

爱设计 PPT 是一款由 AI 驱动的在线 PPT 生成器。用户只需简单地输入主题，即可轻松生成高质量 PPT。该平台支持在线自定义编辑和导入文档生成，拥有超过约 10 万种素材，让设计 PPT 变得更加高效。

01 打开 https://ppt.isheji.com/ 网址，注册并登录后进入如图 1.37 所示的页面。

图 1.37

02 在文本框内输入所要生成的 PPT 主题，笔者想要生成一个关于人工智能发展的 PPT，在文本框内输入文字"人工智能的发展"，如图 1.38 所示。

图 1.38

03 单击"开始生成"按钮，进入如图 1.39 所示的页面。

提示：普通用户有3次免费生成的机会。

图 1.39

04 在界面右侧选择 PPT 模板，选好合适的模板后单击"应用模板"按钮，出现如图 1.40 所示的页面。

图 1.40

05 单击"点击编辑"按钮后，进入如图 1.41 所示的页面，AI PPT 生成了 14 页 PPT，相较于前两个 PPT AI 生成工具而言，爱设计 PPT 不是一键生成 PPT，而是多了选模板的步骤，不过其生成 PPT 的速度还是很快的。

图 1.41

06 同样，如果对所生成的 PPT 不满意，可以根据界面左侧的菜单进行二次编辑，编辑完成后的效果如图 1.42 所示。单击右上角的"下载"按钮即可保存。

图 1.42

> 提示：普通用户无法去除PPT中带有"爱设计"字样的水印，开通会员则可以去掉水印。

Chat PPT 简介及基本使用方法

Chat PPT 是必优科技开发的一款 AI 生成 PPT 的产品，专为 PPT 使用者提供服务。该产品在创作 PPT 文档时可以通过自然语言指令与 Chat 模式进行操作。这款 AI 创作服务能够帮助职场办公人员更高效地完成 PPT 文档的创作，目前已经接入了超过 350 个指令集。只需 1 分钟，就能完成整篇 PPT 的生成、设计和排版。

01 打开 https://chat-ppt.com/ 网址，注册并登录后进入如图 1.43 所示的页面。

02 单击"在线体验"按钮，进入如图 1.44 所示的页面。

图 1.43

图 1.44

03 在文本框中输入所要生成的 PPT 主题词，笔者想要制作一个关于人工智能发展的 PPT，因此在文本框中输入了"人工智能的发展"，如图 1.45 所示。

图 1.45

04 单击文本框右侧的彩虹按钮进行生成。生成的 PPT 如图 1.46 所示，但是只能够预览一部分，预览全部需要开通会员，不如其他 AI PPT 生成工具方便。

图 1.46

第 2 章
AI 在生活中的具体应用

用 AI 制作旅游规划

天工简介

天工是由昆仑万维和奇点智源联合研发的大语言模型。该产品是昆仑万维继 AI 绘画产品"天工巧绘"推出的第二款生成式 AI 产品。以问答式交互为基础，用户可以与天工进行自然语言交流，并获得生成的文案、知识问答、代码编程、逻辑推演、数理推算等多样化的服务。

相对于其他 AI 创作工具而言，天工可以很方便地利用模板生成广告语及标题等内容，日常实用性强，而且此工具是免费的。

目前，天工有"App 版"和"网页版"两个版本，其功能板块都是一样的。"App 版"在日常生活中比较方便操作。下面以 App 版天工为例讲解制作旅游规划的方法。

基本使用方法

01 用天工 AI 制订旅游计划，省去了平常做旅游规划时搜索的繁杂过程，直接在 App 中用 AI 便可以得到想要的答案，在日常生活中非常方便。笔者想要制订一个关于去长沙旅游的计划，在文本框中输入了"为我规划一个为期三天的长沙旅游计划，其中必须包括住宿、出行、美食、景点"，如图 2.1 所示。

02 点击右下方的箭头图标，即可生成旅游计划。AI 为笔者生成了一个包括早上、中午、下午和晚上的长沙三天游玩计划。具体规划如图 2.2 所示。

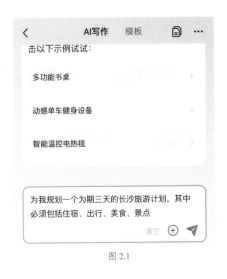

图 2.1

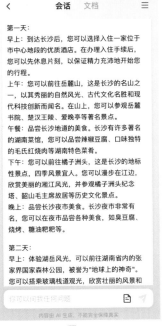

图 2.2

03 笔者发现计划中关于交通工具和住宿的内容很少，因此又在文本框中输入了"交通工具和酒店地点的介绍再具体一点"，AI补充的内容如图2.3所示。

04 还可以输入更具体的指令，以更好地满足自己的需要。笔者想要预算在每晚200元的酒店推荐，在文本框中输入"酒店预算在每晚200元左右，请帮我推荐相关酒店"，AI具体酒店推荐如图2.4所示。

图2.3   图2.4

05 根据自己的需求，挑选有用的规划，全部添加至文档，在文档中进行修改。这个文档相当于一个智能备忘录，可再次通过AI来添加旅游的相关事宜，对旅游者来说非常方便。

除了天工，智谱清言、笔灵AI、360智脑等AI工具都可以制订旅游规划。这3个工具的具体网址如下。

智谱清言：https://chatglm.cn/

笔灵AI：https://ibiling.cn/

360智脑：https://chat.360.com/

用 AI 创作朋友圈文案

通义千问简介及特点

　　通义千问是阿里云推出的一个超大规模的语言模型，通过多轮对话、文案创作、逻辑推理、多模态理解、多语言支持能实现续写小说、编写邮件等功能。

　　通义千问的百宝袋功能板块内置多领域模板，主要包括：趣味生活、创意文案、办公助理、学习助手 4 个方面。通义千问的页面十分简洁，操作方便。接下来我们主要讲解利用通义千问 AI 创作朋友圈文案的方法。

基本使用方法

01 打开 https://qianwen.aliyun.com/ 网址，注册并登录后进入通义千问首页，如图 2.5 所示。

图 2.5

02 在文本框中输入文字指令即可进行创作。同样的，用 AI 工具创作朋友圈文案也是有技巧的，跟之前所说的对话技巧相类似。

　　首先，要赋予 AI 角色，让 AI 知道自己的角色定位，以什么身份来发这条朋友圈。

　　其次，要明确内容需求，让 AI 知道你心里的想法，明白这条朋友圈的具体内容要发什么。

　　再次，要赋予场景，让 AI 知道发这条朋友圈的背景，即在什么情况下发出的此条朋友圈。

　　最后，进行优化编辑，自行补充内容。

03 笔者想要发一条关于旅行分享的朋友圈，按照上面所说的技巧输入文字指令。笔者输入了"你是一名大学生，周末你去了北京故宫，还吃了北京烤鸭、豆汁等特色美食，你想要发朋友圈分享你旅行的喜悦。请写一个 100 字左右的朋友圈搞笑风格的文案。"如图 2.6 所示。

从以上文字可以看出"一名大学生"就是赋予 AI 的角色，"去了北京故宫，还吃了北京烤鸭、豆汁等美食"这是具体的内容要求；"请写一个 100 字左右的朋友圈搞笑风格的文案"，这是具体的字数要求；"想分享周末旅行的喜悦"这是具体的情景。

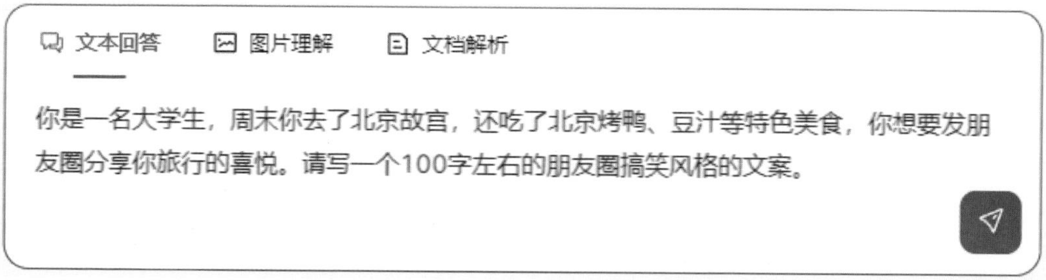

　　💬 文本回答　　🖼 图片理解　　📄 文档解析

　　你是一名大学生，周末你去了北京故宫，还吃了北京烤鸭、豆汁等特色美食，你想要发朋友圈分享你旅行的喜悦。请写一个100字左右的朋友圈搞笑风格的文案。

图 2.6

04 单击右侧的箭头图标，即可生成朋友圈文案。AI 生成的文案如图 2.7 所示。

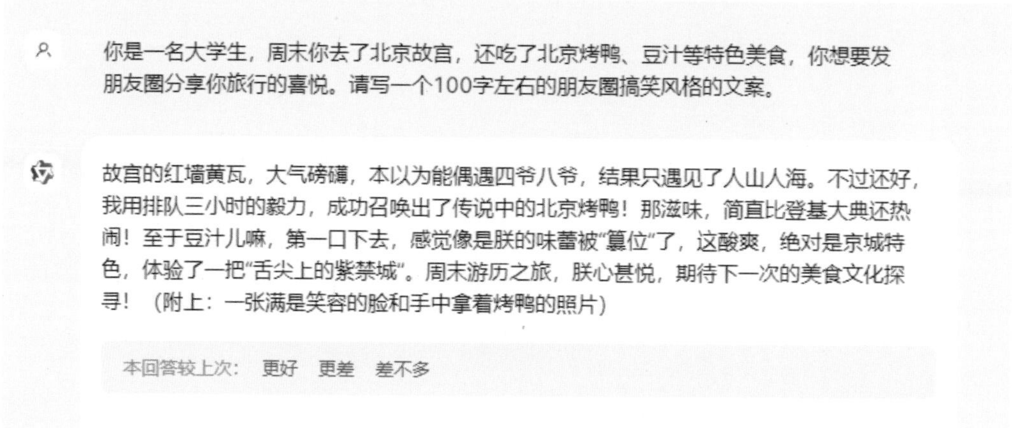

　　👤　你是一名大学生，周末你去了北京故宫，还吃了北京烤鸭、豆汁等特色美食，你想要发朋友圈分享你旅行的喜悦。请写一个100字左右的朋友圈搞笑风格的文案。

　　🤖　故宫的红墙黄瓦，大气磅礴，本以为能偶遇四爷八爷，结果只遇见了人山人海。不过还好，我用排队三小时的毅力，成功召唤出了传说中的北京烤鸭！那滋味，简直比登基大典还热闹！至于豆汁儿嘛，第一口下去，感觉像是朕的味蕾被"篡位"了，这酸爽，绝对是京城特色，体验了一把"舌尖上的紫禁城"。周末游历之旅，朕心甚悦，期待下一次的美食文化探寻！（附上：一张满是笑容的脸和手中拿着烤鸭的照片）

　　本回答较上次：　更好　更差　差不多

图 2.7

05 如果对生成的文案不满意，可以单击文本框下方"重新生成"按钮，即可重新生成文案。最后自行进行编辑优化，即可形成一个完整的朋友圈文案。

用 AI 进行 MBTI 职业性格测试

讯飞星火简介及特点

讯飞星火认知大模型是科大讯飞最新推出的产品，该模型拥有出色的文本生成、语言理解、知识问答、逻辑推理、数学能力、代码能力及多模态能力，为用户提供全方位的智能体验。

2023 年 5 月 6 日，科大讯飞正式发布星火认知大模型，并于 2023 年 9 月 5 日全面开放。目前，讯飞星火有网页版、iOS 版、Android 版，使用者既可以在网页直接注册使用，也可以在各大应用商店下载该模型使用。

相较于其他的同类 AI 工具，讯飞星火的"助手中心"和"发现友伴"功能板块是一大亮点。在"助手中心"板块有许多创作模型可供使用，在"发现有伴"板块可以选择特定的角色进行聊天解闷儿。接下来我们主要讲解利用讯飞星火进行 MBTI 职业性格测试的方法。

基本使用方法

01 打开 https://xinghuo.xfyun.cn/ 网址，注册并登录后进入如图 2.8 所示的页面。

图 2.8

02 单击页面左上角的 助手中心 图标，进入模板库，如图 2.9 所示。

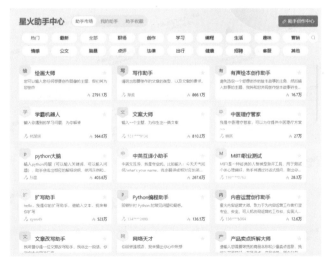

图 2.9

03 单击右上方的放大镜图标搜索"MBTI职业性格测试"，找到此模型助手后，即可进行测试。测试页面如图2.10所示。

04 根据AI所问的问题依次进行回答，测试完生成的结果如图2.11所示。

05 除了使用已有的模型助手，还可以自己创作助手。单击"助手中心"中的"我的助手"菜单，即可进行创建。创建页面如图2.12所示。

图2.10

图2.11

06 讯飞星火另外一大特色板块——发现友伴，里面有许多角色可供用户选择进行对话聊天，聊天风格是根据角色定位制定的，根据不同的需求，可以选择不同的友伴角色。比如，如果有情绪上的倾诉，可以选择"知心姐姐阿雅"；如果一个人无聊想闲聊，可以选择"委会马大姐"。除此之外，也可以自己创建友伴角色。"发现友伴"界面如图2.13所示。

图2.12

图2.13

用 AI 进行解梦

好机友 AI 魔方世界简介及特点

好机友 AI 魔方世界是北京点智文化公司推出的一款 AI 工具，其中包括 AI 智能对话问答、AI 绘画、AI 写作三个大方面的功能。

好机友 AI 魔方世界有多个应用板块，包括专家顾问团、产品运营、人力资源、企业管理、写作辅导、效率工具等，页面简洁，操作方面。

基本使用方法

01 打开 https://www.bjgphoto.com.cn/ 网址，注册并登录后进入好机友 AI 魔方世界首页，如图 2.14 所示。

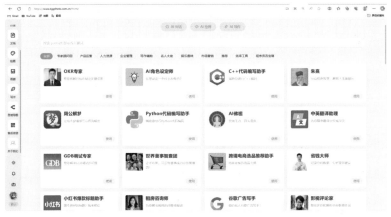

图 2.14

02 在主页中有各种领域的内容模板，用户可以根据自己的需求进行选择。笔者想用好机友 AI 魔方世界解梦，单击"周公解梦"图标下的"使用"按钮，进入 AI 对话界面，如图 2.15 所示。

图 2.15

03 在下方的文本框内输入梦的内容，单击右侧的箭头图标即可进行解梦。笔者输入的梦境内容和
AI 梦境解析如图 2.16 所示。

图 2.16

04 除此之外，好机友 AI 魔方世界的 AI 写作和 AI 绘画功能也很强大。通过 AI 写作功能可以创作
电子邮件、消息、评论、段落、文章、博客文章等方面的内容，还可以选择不同的写作风格、语言，
AI 写作页面如图 2.17 所示。

图 2.17

05 在"AI 绘画"界面中，可根据图生图、图生文、融图的功能，方便快捷地生成图片或者根据图
片得到对应的提示词。AI 绘画界面如图 2.18 所示。

图 2.18

用 AI 制订合理的健身规划

360 智脑简介及特点

360 智脑是由 360 研发的认知型通用大模型。依托 360 多年的算力、大数据和工程化方面的关键优势，融合了 360GPT 大模型、360CV 大模型及 360 多模态大模型的技术能力。

它不仅能够实现生成创作、多轮对话、逻辑推理等十大核心能力，还具备数百项细分功能，以重塑人机协作的新范式。

2023 年 3 月 29 日，360 智脑的 1.0 版本正式发布。2023 年 6 月 13 日，大模型升级至 4.0 版本，包括数字人、多模态应用、360 全端应用等。

相较于其他同类 AI 工具，360 智脑数字人角色丰富，有独特的语言理解能力。

基本使用方法

01 打开 https://chat.360.com/ 网址，注册并登录后进入如图 2.19 所示的页面。

图 2.19

02 在文本框内输入文字指令，通过实时对话即可进行解疑答惑。也可以选择特定的数字人角色进行对话。单击"数字人广场"图标，可以看到更多的数字人角色，如图 2.20 所示。

图 2.20

03 笔者想要制订一个健身规划，所以选择了"健身搭子"数字人角色，对话页面如图 2.21 所示。

图 2.21

04 在文本框内输入文字指令，笔者想要制订一个合理的减肥健身计划，输入的文字如图 2.22 所示。

图 2.22

05 单击右侧的箭头图标，即可生成健身计划。AI 为笔者生成的健身和饮食计划如图 2.23 所示。

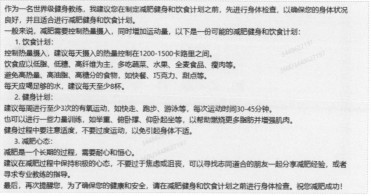

图 2.23

360 AI 智脑的特点是可以模拟不同角色的语气，例如"孙悟空"数字人角色的聊天风格具有强烈的孙悟空的人物性格，具体聊天画风根据人物的角色而变化，"孙悟空"数字人角色的聊天风格如图 2.24 所示。

图 2.24

用 AI 创作小红书分享攻略

秘塔写作猫 iOS 版

秘塔写作猫 iOS 版操作界面简洁，使用方法简单。但是其创作模板较少，不能批量生成。iOS 版更加适用于随笔生成，当脑海中有想法的时候掏出手机，打开秘塔写作猫，只需语音输入或文字输入，即可把脑海中的想法变成一篇结构完整的文章。

基本使用方法

01 打开 iOS 版秘塔写作猫，进入首页，点击下方"你说 我写"按钮，即可开始 AI 创作。笔者想要写一篇关于泰安旅游攻略的小红书文章，输入的指令如图 2.25 所示。

02 点击右下方的"发送"按钮，即可生成内容，生成的内容如图 2.26 所示。

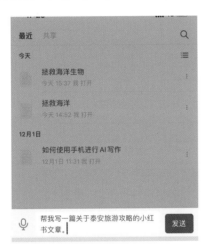

图 2.25

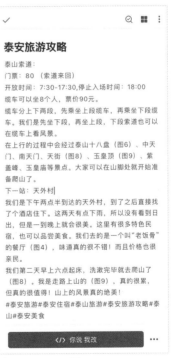

图 2.26

03 如果对生成的内容不满意，可以点击下方"你说 我改"按钮进行修改，或者点击右侧的三个点图标对生成的内容进行续写、改写、扩写、翻译。

04 修改完成后点击左上方的对号图标，即可对文章进行保存。

第3章
AI 在图片处理中的
具体应用

用 BigJPG AI 进行图片无损放大

BigJPG 简介

BigJPG 是一款基于人工智能技术的在线图像放大工具。操作使用非常简单，只需将需要处理的图片上传到网站即可，而且也支持多种图片格式，包括 JPEG、PNG、BMP 等常见格式，用户可根据需要进行选择。

目前，BigJPG 可以在网页端联网使用，也可以下载到本地。

基本使用方法

01 打开 https://bigjpg.com/ 网址，注册并登录后，进入如图 3.1 所示的页面。

02 单击"上传图片"图标，上传所需的图片，这里是把一张动漫小尺寸图片无损放大，上传的图片如图 3.2 所示。

图 3.1

图 3.2

> 提示：免费版上传的图片最大尺寸为3000px×3000px，文件大小为5MB；付费版最大的文件大小为50MB。普通用户免费放大20张图片。

03 图像上传完成后，进入如图 3.3 所示的页面。

04 单击下方的"开始"按钮，设置"图片类型""放大倍数""降噪程度"等放大配置参数。笔者设置的参数如图 3.4 所示，笔者上传的是动漫的图片，所以选择的是"卡通/插画"单选按钮。

> 提示：普通用户"放大倍数"最高只能放大4倍，付费升级后才能放大8倍或16倍。

图 3.3

图 3.4

05 单击右下方的"确定"按钮，开始生成新图片，图片生成后显示已完成字样，如图3.5所示。

图 3.5

06 单击"下载"图标，下载生成的图片，下载后即可查看放大后的新图片。笔者上传的 20.63 KB 动漫小图片变成了 53.4KB 的大图片，放大后的效果如图 3.6 所示，效果还是不错的。

图 3.6

07 如果想要放大的图片是非卡通或者非插画的类型，则要在"图片类型"选项组中选择"照片"单选按钮。

笔者上传了一张风景照片，放大前后效果如图 3.7 所示。相较于动漫类型的图片，其他类型的图片放大效果较差，放大的同时会虚化一些细节。

图 3.7

用 Nero AI 提高图片的分辨率

Nero AI 简介

Nero AI 是一个由 AI 驱动的服务平台，通过减少噪点和锐化细节，优化图像和照片。Nero AI 采用先进的深度卷积神经网络技术，提供超强图像分辨率解决方案。

基本使用方法

01 打开 https://ai.nero.com/ 网址，进入如图 3.8 所示的页面。

图 3.8

02 单击右侧的"上传图片"图标，上传所需图片。这里的任务是提高上传图片的分辨率，笔者上传的是图片是一张画质低的动漫女孩图像，如图 3.9 所示。

03 接下来根据需求挑选模型，Nero AI 提供了 Photograph、Anime、Face Enhancement、Standard、Professional 五个模型，如图 3.10 所示。

» Photograph：基于通用模型，针对人脸进行优化。

» Anime：用于插图、油画、动漫和卡通，将对图片应用油画效果。

» Face Enhancement：用于修复模糊人像。

» Standard：用于风景、肖像、都市天际线和其他快照。

» Professiona：用于大多数照片和数字艺术。

» 笔者选择了 Anime 模型进行生成。

图 3.9

图 3.10

04 选择好模型后，单击"开始"按钮，开始生成。笔者上传的 13.8KB 的图像变成了 152.2KB 的图像，生成的效果很好，如图 3.11 所示。

05 Nero AI 提供了对比图，原图与放大后的图像对比如图 3.12 所示，这样一看效果更直观，图片的分辨率提高很多。

图 3.11

图 3.12

用 Magnific 进行无损放大图片

Magnific 简介

　　Magnific 是一款图像增强工具，基于先进的 AI 算法，其深度学习的图像超分辨率技术已经可以实现将低分辨率图像外推至 4400 像素宽度，并且通过训练神经网络模型来理解不同尺寸下的图像细节特征，能够根据上下文信息智能地生成新的高频细节，极大地改善了放大的图像质量。

基本使用方法

01 打开 https://magnific.ai/ 网址，注册并登录后进入如图 3.13 所示的页面。

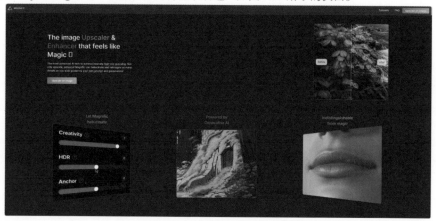

图 3.13

02 单击右上角 upscale an image 按钮，即可开始创作，创作的效果如图 3.14 和图 3.15 所示。

图 3.14

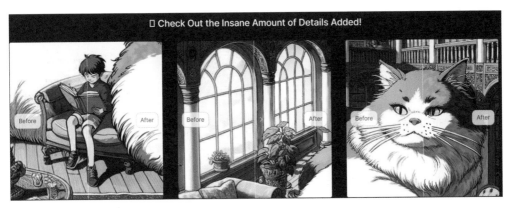

图 3.15

03 上传一张风景照，得到的放大效果如图 3.16 所示。

图 3.16

提示：该软件需要付费才可使用，具体收费情况如图3.17所示，左侧为月收费情况，右侧为年收费情况。

图 3.17

用 Palette 进行修复上色

Palette 简介

　　Palette 是一款调整图片色彩的 AI 工具，通过分析图片的特征和颜色搭配情况，自动调整图片的色调和效果，能根据用户的需求自动计算出最佳的配色方案，以提升图片的美观度和质量。使用者只需上传原图，Palette 就能提供多种高质量的调色方案供选择，而且还可以手动调整特定图片的效果，通过滑动不同的参数来实现个性化的效果。

　　此外，Palette 还提供了一系列高级工具，比如直方图和 RGB 通道等。通过这些工具，用户能更快速、准确地完成调色处理工作。Palette 的使用也非常简单，只需拖拽调整滑块，就能快速调整色彩效果。

基本使用方法

01 打开 https://palette.fm/ 网址，进入如图 3.18 所示的页面。

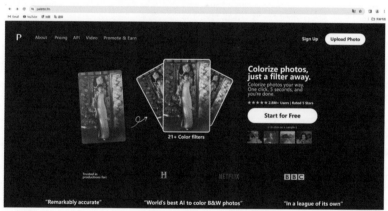

图 3.18

02 单击右侧的 Start for Free 按钮，进入如图 3.19 所示的页面。

图 3.19

03 单击中间的 UPLOAD NEW IMAGE 图标，开始上传图片，笔者上传了一张全家福照片，要对其进行上色，上传图片如图 3.20 所示。

图 3.20

04 上传图片后 Palette 自动生成新图片，单击 DOWNLOAD 按钮即可进行保存，上色效果如图 3.21 所示。

图 3.21

提示：下载的图片是带有水印的。

用 remove.bg 去除图片背景

remove.bg 简介

　　remove.bg 是一款基于人工智能技术的在线图像处理工具，为用户减少去除照片背景的时间。它通过自动识别图像中的主要物体，并将其与背景分离，生成一张白底图片。

　　remove.bg 的使用非常简单。用户只需上传一张含有主要物体的照片，稍等几秒，remove.bg 便能自动处理照片，并生成一个去除背景的新图像。生成的新图像可以直接下载并使用，摆脱了烦琐的使用图像处理软件操作的困扰。

　　remove.bg 工具可以应用于很多领域。例如，在电商领域，如果想给商品换背景，就可以利用此工具进行抠图，效果显著；在虚拟旅游领域，只需上传图片，进行抠图换景点背景便生成各地打卡照。

基本使用方法

01 打开 https://www.remove.bg/ 网址，注册并登录后进入如图 3.22 所示的页面。

02 单击 Upload Image 按钮，上传所需的图片，笔者上传的图片如图 3.23 所示。

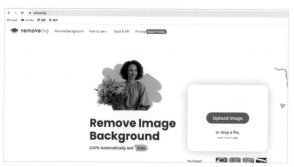

图 3.22　　　　　　　　　　　　　　　　　　　　　图 3.23

03 上传图片后，系统自动去除背景，去除背景后的图像如图 3.24 所示。

04 放大图像可以看到，抠图非常精致，连头发丝抠得都很完整，抠图细节如图 3.25 所示。

图 3.24　　　　　　　　　　　　　　　　图 3.25

05 单击右侧的 Add background 按钮，选择合适的背景图，也可以自定义上传背景图，选择背景后单击 Done 按钮进行添加。笔者添加的背景图如图 3.26 所示。

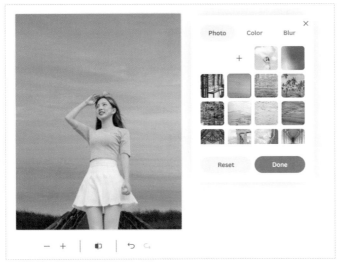

图 3.26

06 根据自己的需求可单击右侧 Erase/Restore 按钮，选择图像中的物体进行去除，完成后单击 Download 按钮即可保存新图像，如图 3.27 所示。

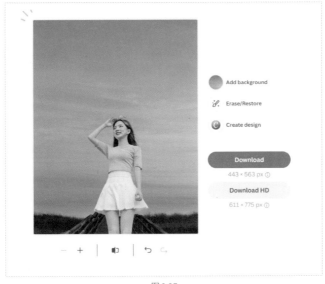

图 3.27

其他

除了以上介绍的 AI 图像处理工具，还有 Magic Studio（付费使用）、Vmake 等图像处理工具，这些工具的使用都非常简单。

第 4 章
AI 在绘画、摄影中的具体应用

用吐司进行绘画

吐司简介

吐司是一个在线使用 Stable Diffusion 模型的网站，它使用户可以在线体验这种先进的 AI 图片生成功能。只需要选择一个感兴趣的类别，比如动画、人物、风景、建筑等，就可以看到吐司从随机噪声中生成的图像。用户可以调整一些参数，比如分辨率、迭代次数、温度等，来影响生成图像的质量和风格。用户还可以在吐司上创建自己的账号，上传自己生成或处理过的图像，给其他用户的作品点赞或评论，参与社区的讨论或活动。

基本使用方法

01 打开 https://tusiart.com/ 页面，单击右上角的"登录"按钮，注册账号并登录，在"模型"界面中提供了大量的模板模型，如图 4.1 所示。

图 4.1

02 单击右上角的"在线生图"按钮，进入创作界面，如图 4.2 所示，操作步骤与上文所讲的操作类似，创作部分主要分为"文生图""图生图""做同款"。接下来将对"文生图""图生图""做同款"的具体操作展开介绍。

图 4.2

文生图

"文生图"功能是指用户可以通过输入文字描述，让 AI 根据这些描述生成相应的图像，吐司的文生图功能支持多种语言，操作步骤如下。

01 在吐司主界面右上角单击"在线生图"按钮，在弹出的创作窗口中，选择左上角的"文生图"选项，如图 4.3 所示。

02 在左侧的模型下拉列表框中，选择基础模型为"Bigmix - v2R"（https://tusiart.com/models/608779749864692549），设置 LoRA 风格为"小红书港风 - gf.v1 0"（https://tusiart.com/models/615998297104138859），设置动作姿态为"Control Step 0-1"，设置 VAE 为 Automatic（自动），如图 4.4 所示。

图 4.3

图 4.4

03 在左侧的提示词文本框中输入正向提示词和负向提示词，在"正向提示词"文本框中输入的是想要生成内容的提示词；在"负向提示词"文本框中输入的是画面中不想出现的内容关键词，如图 4.5 所示。在"设置"选项区域，设置"图片大小""采样算法（Sampler）""随机种子（Seed）"，如图 4.6 所示。

04 在"高清修复"选项区域可以通过设置放大图像和提高图像清晰度，如图 4.7 所示，ADetailer 选项区域的参数针对脸部畸形问题的修复，也能修复手部或身体的畸变，如图 4.8 所示。

图 4.5

图 4.6

图 4.7

图 4.8

05 单击"在线生成"按钮，因为设置只出一张图片，所以只生成了一张效果图，如图 4.9 所示。

图 4.9

图生图

"图生图"功能是一种基于 AI 技术的图像生成工具，它可以通过用户上传的图像或文字描述来生成新的图像。"图生图"功能可以帮助用户快速、高效地生成符合自己需求的图像，操作步骤如下。

01 在吐司界面右上角单击"在线生图"按钮，在弹出的创作窗口中，选择左上角的"图生图"选项，如图 4.10 所示。

02 在左侧的模型下拉列表框上方，上传图生图的图片，如图 4.11 所示。

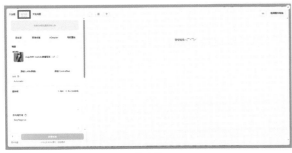

图 4.10

图 4.11

03 在左侧的模型下拉列表框中，选择基础模型为"majicMIX realistic 麦橘写实 - v7o"（https://tusiart.com/models/645273936655008607），设置 LoRA 风格为"清纯少女写真|Pure Girl - 1.00"（https://tusiart.com/models/659951209999848324），设置 VAE 设置为 Automatic（自动），如图 4.12 所示。

04 在左侧的提示词文本框中输入正向提示词和负向提示词，如图 4.13 所示。在"设置"选项区域，设置"重绘噪声强度""图片大小""采样算法（Sampler）""随机种子（Seed）"，如图 4.14 所示。

图 4.12

图 4.13

图 4.14

05 单击"在线生成"按钮，因为设置只出一张图片，所以只生成了一张效果图，如图 4.15 所示。

图 4.15

做同款

　　"做同款"功能只需一步，即可获取所有参数，简单修改参数即可生成相似的图片，在学习 AI 作图前期对寻找思路有极大的帮助，操作步骤如下。

01 在吐司界面的"模型"选项中，找到想要剪同款的模型，这里选择的是"MR 古风 -001"模型（https://tusiart.com/models/664791217235782784），单击进入模型详情窗口，如图 4.16 所示。

02 在模型的详情窗口中，单击做同款的图片，在弹出的图片详情窗口中可以看到图片的"提示词""采样算法""随机种子"等等，单击右下角的"做同款"按钮，如图 4.17 所示。

图 4.16

图 4.17

03 进入吐司创作界面，图片的所有参数已经自动填写，有需要改动或添加的参数直接操作即可，如图 4.18 所示。

04 最后单击"在线生成"按钮，生成的图片风格与原图类似，左边是原图，右边是生成后的图片，如图 4.19 所示。

图 4.18

图 4.19

用触手 AI 进行绘画

触手 AI 简介

　　触手 AI 是杭州水母智能旗下漫画创作平台自研的 AI 漫画工具，也是集成了市面上主流绘图软件完整功能的 AI 工具。它包含文生图、图生图、ControlNet 控图、姿势生图、高清修复、智能修图、模型训练等一系列实用功能。

　　同时，触手 AI 还提供了一个便捷的 App，可以直接调用 Midjourney 的画图接口，同样具备全中文界面。触手 AI 还拥有 AI 实验室，其中包括视频转换、动态壁纸、无损高清、智能抠图等功能。

　　接下来具体介绍触手 AI 网页版的使用方法。

基本使用方法

01 打开 https://acgnai.art/ 网址，注册并登录后，进入如图 4.20 所示的页面。

图 4.20

> 提示：选择"广场"选项，在"广场"页面提供了大量的模板模型。

02 单击"AI 创作"图标，在显示的窗口中，有 4 个板块，分别为"极简模式""专业模式""文生图""图生图"。

　　"图生图"的具体操作与"极简模式"下的"图生图"一致，笔者只针对"极简模式"下的"图生图"展开介绍。几种模式具体介绍如下。

> 提示：新用户登录有免费积分，每生成一次图片消耗5个积分，付费会员没有积分限制，每月收费49.9元。

极简模式

"极简模式"下的页面比较简洁，容易操作。

01 单击"极简模式"按钮，进入如图4.21所示的页面。

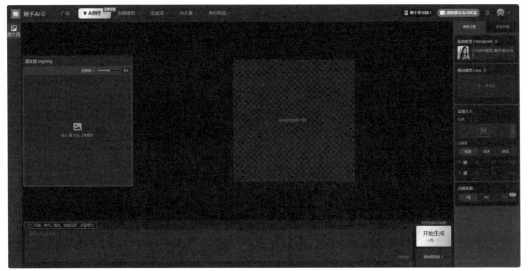

图4.21

02 接下来上传图片，如图4.22所示为笔者上传的原图。在此笔者的任务是将此照片制作成动漫形象。

03 在上传的图片上方设置好"创意度"数值，在下方输入提示词，在右侧设置好参数，如图4.23所示。

图4.22

图4.23

04 单击"生成"按钮，生成的效果如图 4.24 所示。

图 4.24

专业模式

"专业模式"下的页面比较复杂，设置比较多。

01 单击"专业模式"按钮，进入如图 4.25 所示的页面。

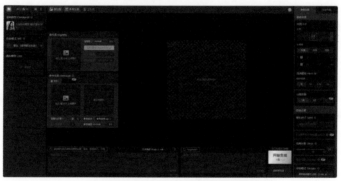

图 4.25

02 单击"上传"图片，如图 4.26 所示为上传的示例参考图，在此笔者的任务是根据示例图生成新图像。

图 4.26

03 接下来在左侧选择模型，笔者设置的模型如图 4.27 所示。

04 在右侧设置相关参数，笔者设置的参数如图 4.28 所示。

图 4.27

图 4.28

05 接下来输入提示词，笔者对示例图的描述提示词如图 4.29 所示。

06 单击"生成"按钮，如图 4.30 所示为生成的图像。

图 4.29

图 4.30

文生图

"文生图"即根据文字生成想要的图像效果。

01 单击"文生图"按钮，进入如图 4.31 所示的页面。

02 具体操作与吐司的"文生图"类似，选择模型并输入文字生成图片，具体生成效果如图 4.32 所示。

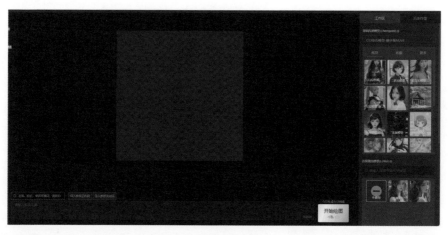

图 4.31

图 4.32

用妙鸭相机生成写真照片

妙鸭相机简介

妙鸭相机是由未序网络科技（上海）有限公司开发的一款 AI 写真工具，采用了 AIGC 技术。它于 2023 年 7 月 17 日正式上线，并受到了广泛关注。

妙鸭相机的独特之处在于其数字分身技术。通过上传一张清晰的正面照，以及至少 20 张多光线、多视角、多表情的上半身照片，使用者可以使用该程序生成一个个性化的数字分身。利用这个数字分身，能够根据自己的喜好选择适合自己的模板，从而获得独一无二的 AI 写真。

目前，妙鸭相机有小程序版本和手机端 App 版本，两者的界面都是一样的。接下来针对妙鸭相机 App 版本展开介绍。

具体使用方法

01 打开妙鸭相机 App，注册并登录后进入如图 4.33 所示的页面。

02 点击右下方"我的"图标，开始定制数字分身，如图 4.34 所示。

图 4.33

图 4.34

03 点击"马上生成"按钮，开始上传照片，上传一张清晰的正面照，以及14～50张半身照。如图4.35和图4.36所示为笔者上传的图片。

> 提示：此功能需要支付9.9元才可使用。

04 点击右下方的"¥9.9 马上生成"按钮，付费后即可等待制作数字分身。

图 4.35

图 4.36

> 提示：制作数字分身需要等待，笔者制作时前面有16个人正在制作，系统显示需要排队等待55分钟，但事实上只等待了二十多分钟就制作完成了，可以开启进度通知，退出程序等待。如图4.37所示为正在制作数字分身的页面。

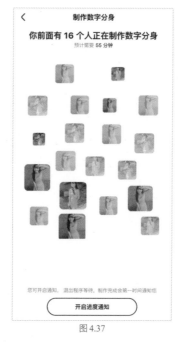

图 4.37

图 4.38

05 数字分身制作完成后，选择一张最满意的作为数字分身头像。系统随机生成了 4 张图片，如图 4.38 所示，笔者选择了第二行的第一个图片作为数字分身头像。

06 点击下方的"开始制作大片"按钮，系统自动生成了 3 组不同的写真照，如图 4.39 所示。

07 接下来根据自己的需求制作不同的照片，找到首页的"制作数字分身"菜单，"制作数字分身"功能板块有"制作写真""AI 修脸""发型设计"3 个小工具。

» "制作写真"是上传自己的图片利用模板库中的模板生成写真照片。

» "AI 修脸"是利用 AI 进行轻修、美颜、焕新、重塑，一键还原美貌。

» "发型设计"是指利用 AI 更换发型和发色。

08 点击"制作写真"图标，进入如图 4.40 所示的页面。

09 点击喜欢的模板来生成写真照片，笔者选择了"冬季恋歌 | 单板甜妹"的模板来生成写真照，选中该模板后，进入如图 4.41 所示的页面。

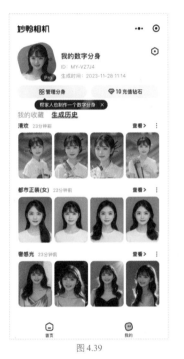

图 4.39

图 4.40

图 4.41

10 点击下方的"立即生成"按钮，系统自动生成了 4 张不同的写真照片，如图 4.42 所示。

11 如果对生成的效果不满意，可点击下方的"再次生成"按钮重新生成写真照，也可以利用"AI 修脸"和"发型设计"工具对生成的照片进行优化。

提示："AI 修脸"功能，每天免费使用3次，"发型设计"免费使用一次后需要付费使用。两个功能的页面如图4.43和图4.44所示。

图 4.42

图 4.43

图 4.44

第 5 章
AI 绘画的具体案例

制作节日庆典海报插画

　　利用 Liblib AI 强大的文生图与图生图功能，使用者可以根据自己的需要，搭配组合不同的模型生成灵活多样的插画，这大大降低于插画绘制的门槛，即便没有太多美术基础，也可以利用 Liblib 生成各种不同风格、不同主题的插画作品，操作步骤如下。

01 首先在 LiblibAI 界面的"模型广场"分类中选择"插画"选项，如图 5.1 所示。

02 因为是儿童节海报，这里选择"儿童书籍插画"模型（https://www.liblib.art/modelinfo/3acf8d15aabc468f880a007009364fa8），如图 5.2 所示。

图 5.1　　　　　　　　　　　　　　　　图 5.2

03 将模型加入模型库，单击"立即生图"按钮，进入"文生图"界面，根据模型作者的参数推荐，设置底模为"儿童插画绘本 Minimalism_v2.0.safetensors"（https://www.liblib.art/modelinfo/8b4b7eb6aa2c480bbe65ca3d4625632d），VAE 为"vae-ft-mse-840000-ema-pruned.safetensors"，如图 5.3 所示。

04 将想要在海报中出现的元素翻译成英文填入提示词文本框中，并将一些消极的词语和不想在图片中出现的元素翻译成英文填入"负向提示词"文本框中，如图 5.4 所示。

图 5.3

图 5.4

05 选择之前加入模型库的模型，依次选择 LoRA → "我的模型库" → "儿童书籍插画"，根据模型作者的参数推荐将模型权重设置为 0.8，将"采样方法（Sampler method）"设置为 Euler a，将"迭代步数（Sampling Steps）"设置为 20，勾选"高分辨率修复"复选框，将"重绘采样步数（Step）"设置为 20，将"重绘幅度（Denoising）"设置为 0.5，其他保持默认不变，如图 5.5 所示。

06 最后单击"开始生图"按钮，生成的图片基本符合提示词中的元素，如图 5.6 所示。如果对生成的图片不满意，可以适当调整参数，再次生成。

图 5.5

图 5.6

07 将此图片导出添加文字及其他元素，一张儿童节海报就完成了，如图 5.7 至图 5.9 所示。

图 5.7

图 5.8

图 5.9

真实照片转二次元

利用 AI 功能可以将真实的人物或物品照片转化为具有艺术感的二次元形象。二次元照片可以用于社交媒体平台上的虚拟角色创建，让用户能够以更加个性化的方式展示自己。同时，利用 AI 功能还可以制作虚拟偶像和虚拟代言人，为品牌营销和推广提供新的思路和方式。通过使用 AI 技术，可以根据原始照片的细节和特征，自动生成具有特定风格和美感的二次元形象，操作步骤如下。

01 首先准备一张真人照片素材，在 Liblib AI 界面的"模型广场"分类中选择"二次元"选项，如图 5.10 所示。

图 5.10

02 选择一个喜欢的二次元风格模型，进入模型详情界面，这里选择的是"描边 | 简约插画"模型（https://www.liblib.art/modelinfo/e47a269aaadc477183fec9dcf485bb86），如图 5.11 所示。

03 单击"加入模型库"按钮，将此模型添加到"我的模型库"，单击"立即生图"按钮，进入 LiblibAI 创作界面，单击"图生图"选项，如图 5.12 所示。

图 5.11

04 根据模型作者推荐选择"万象熔炉Anything V5/V3"底模（https://www.liblib.art/modelinfo/e5b2a904207448b47c2e49abd2875e70），VAE默认为"自动匹配"，提示词根据上传的图片特征描述填写，在"负向提示词"文本框中，填写一些描述负面的词语即可，如图5.13所示。

图 5.12

图 5.13

05 在 LoRA 的"我的模型库"中选择"插画丨简约插画"模型,根据模型作者的参数推荐将模型权重设置为 0.7,并在下方的"图生图"上传窗口中单击,上传准备好的素材图片,如图 5.14 所示。

06 在下方的参数设置中,设置"缩放模式"为"裁剪",防止图片内容变形,将"采样方法(Sampler method)"设置为 Euler a,设置"迭代步数(Sampling Steps)"为 20,勾选"面部修复"复选框,设置图片尺寸为 512×968,为原图尺寸的一半,这样人物不会有太大变化,设置"重绘幅度(Denoising)"为 0.5,其他保持默认不变,如图 5.15 所示。

图 5.14

图 5.15

07 最后单击"开始生图"按钮,生成的图片场景、动作、穿着与原图基本相似,但风格已经变成了二次元,如图 5.16 所示。如果对生成的图片不满意,可以适当调整参数,再次生成。如果想更换其他二次元风格,基本步骤不变,挑选更换其他二次元模型,再次生成即可。

图 5.16

二次元图片真人化

　　将二次元图片真人化可以实现从虚构到现实的跨越，这种转化过程可以满足人们对于将二次元角色或场景在现实生活中具象化的渴望。通过这种方式，二次元爱好者可以将他们对于角色的喜爱转化为真实的感受，进一步增强他们与角色之间的情感联系。这里将一张二次元女生图片真人化，操作步骤如下。

01 首先准备一张二次元人物图片，因为要将图片真人化，所以在 LiblibAI 界面的"模型广场"分类中选择"写实"选项，如图 5.17 所示，选择一个真实的模型。

图 5.17

02 选择一个与图片人物风格类似的写实模型，进入模型详情界面，这里选择的是"majicMIX realistic 麦橘写实"模型（https://www.liblib.art/modelinfo/bced6d7ec1460ac7b923fc5bc95c4540），如图 5.18 所示。这个模型属于大模型，基本涵盖所有风格，如果还想添加别的风格，可以继续添加 LoRA 模型。

图 5.18

03 单击"加入模型库"按钮，将此模型添加到"我的模型库"，单击"立即生图"按钮，进入 LiblibAI 创作界面，单击"图生图"选项，如图 5.19 所示。

04 在下方的"图生图"上传窗口中单击，上传准备好的素材图片，如图 5.20 所示。

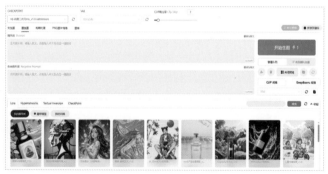

图 5.19

图 5.20

05 选择"majicMIX realistic 麦橘写实"为底模，VAE 默认为"vae-ft-mse-840000-ema-pruned. safetensors"，单击"DeepBooru 反推"按钮，AI 会根据上传的图片自动生成一组提示词短语并填写在"提示词"文本框中，然后在"负向提示词"文本框填写一些描述负面的词语即可，如图 5.21 所示。

图 5.21

06 在下方的参数设置中，设置"缩放模式"为"裁剪"，防止图片内容变形，设置"采样方法（Sampler method）"为"DPM++ 2M Karras"、"迭代步数（Sampling Steps）"为 30，设置图片尺寸为 600×800，为原图尺寸的一半，这样人物不会有太大变化，设置"重绘幅度（Denoising)"为 0.7，其他保持默认不变，如图 5.22 所示。

07 最后单击"开始生图"按钮，生成的图片场景、动作、穿着与原图基本相似，但风格已经由二次元变成了真人，如图 5.23 所示。如果对生成的图片不满意，可以适当调整参数，再次生成。

图 5.22

图 5.23

08 动漫真人化因为操作复杂，步骤较多，这里以动漫人物鸣人真人化为例进行讲解。和上面一样，先在下方的"图生图"上传窗口中单击，上传准备好的素材图片，如图 5.24 所示。

09 选择"majicMIX realistic 麦橘写实"为底模，VAE 默认为"vae-ft-mse-840000-ema-pruned. safetensors"，单击"DeepBooru 反推"按钮，AI 会根据上传的图片自动生成一组提示词短语并填写在"提示词"文本框中，在"负向提示词"文本框中填写一些不希望出现在图片中元素的词语，如图 5.25 所示。

图 5.24

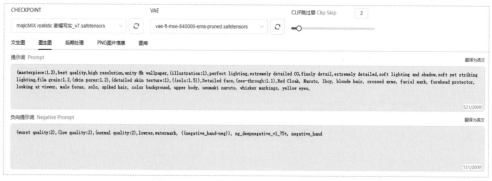

图 5.25

10 在下方的参数设置中，设置"缩放模式"为"裁剪"，防止图片内容变形，设置"采样方法（Sampler method）"为"DPM++ 2M Karras"、"迭代步数（Sampling Steps）"为 20，设置图片尺寸为 512×768，为原图尺寸的一半，这样人物不会有太大变化，设置"重绘幅度（Denoising）"为 0.4，其他保持默认不变，如图 5.26 所示。

11 由于动漫人物动作复杂，直接生图可能会使人物动作变化或出现其他因素，这里需要开启 ControlNet 功能规定生图的具体动作，在 ControlNet Unit 0 窗口中单击，上传动漫素材图，在下方的参数窗口勾选"启用"复选框。由于素材图动作有重叠的部分，这里选择 Depth 模式，这个模式可以将人物肢体的位置通过颜色深度准确表达，其他参数保持默认不变，最后单击 ¤ 图标，会在上传素材旁边出现一张预览图，如图 5.27 所示。

图 5.26

图 5.27

12 因为 "majicMIX realistic 麦橘写实" 模型是用女生图片训练的，所以我们在这里增加一个男性面部 LoRA "无双"（https://www.liblib.art/modelinfo/3a6a29c04cae4f89a0fce4468dc327d4），权重为 0.6，如图 5.28 所示。

13 最后单击 "开始生图" 按钮，生成的真人图片动作、穿着与原图基本一致，如图 5.29 所示。如果对生成的图片不满意，可以适当调整参数，再次生成。还可以将生成图片发送到 "图生图" 窗口，为其添加背景，让图片更加真实。

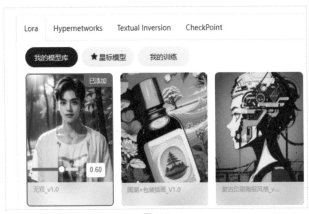

图 5.28

图 5.29

为电商产品更换背景

在传统的电商摄影中，如果要为一款产品拍摄宣传照片，需要搭建匹配产品调性的环境，这一过程费时费力，但现在利用 AI 技术则可以很好地解决这一问题，只需拍摄白底商品图，然后利用 AI 生成背景，并将商品与生成的背景相融合即可。下面以化妆品为例讲解操作步骤。

01 首先准备一张化妆品图片和它的蒙版图，如图 5.30 所示。

02 在 LiblibAI 界面的"模型广场"分类中选择"商品"选项，如图 5.31 所示。

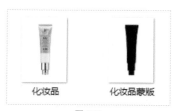

图 5.30

图 5.31

03 因为是更换产品背景，所以需要找产品场景类的模型，这里选择的是"mmk 产品场景摄影"模型（https://www.liblib.art/modelinfo/1f650dd6daeb4d019ca638b535ce0224），如图 5.32 所示。

04 单击"加入模型库"按钮，将此模型添加到"我的模型库"，单击"立即生图"按钮，进入 LiblibAI 创作界面，单击"图生图"选项，如图 5.33 所示。

图 5.32

图 5.33

05 在"图生图"上传图片窗口中选择"重绘蒙版"选项，在图片位置单击，上传图片，在上方上传商品原图，在下方上传商品的蒙版图，这是为了重绘商品以外的背景区域，保留商品图，如图5.34所示。

06 根据模型作者推荐选择"mmk_共融之境3_v3.0.safetensors"（https://www.liblib.art/modelinfo/6187e7efa7d441dda18cb2afcdde0917）为底模，VAE默认为"vae-ft-mse-840000-ema-pruned.safetensors"，然后根据商品的颜色用途添加提示词。因为是蓝色的化妆品，在"提示词"文本框中填写了"水""花"等词语，以体现化妆品高级的感觉，在"负向提示词"文本框中填写一些画面中不需出现的元素的词语即可，如图5.35所示。

图 5.34

图 5.35

07 在"LoRA"→"我的模型库"中选择"mmk产品场景摄影"模型，根据模型作者的参数推荐将模型权重设置为0.8，如图5.36所示。

08 在下方的蒙版参数设置中，设置"缩放模式"为"填充"，防止图片内容变形，设置"蒙版模糊"为20，设置"蒙版模式"为"重绘蒙版内容"，设置"蒙版蒙住的内容"为"原图"、"重绘区域"为"原图"，"仅蒙版模式的边缘预留像素"因为没用到所以保持默认不变，如图5.37所示。

图 5.36

图 5.37

09 根据模型作者参数推荐，设置"采样方法（Sampler method）"为"DPM++SDE Karras"，设置"迭代步数（Sampling Steps）"为 30，设置图片尺寸为 800×1024，设置"重绘幅度（Denoising)"为 0.7，其他保持默认不变，如图 5.38 所示。

10 最后单击"开始生图"按钮，生成的图片中商品保持不变，但商品的背景已经有了水和花，商品的高级感一下就出来了，如图 5.39 所示。

图 5.38

图 5.39

11 如果不想用真实的背景，想用现在比较流行的国潮风格，那么基本步骤不变，将模型更改为国潮风格的模型，提示词用图案、线条、颜色等类型的修饰词作为提示词，按照模型作者推荐的参数适当修改，这里以"国潮 × 包装插画"模型（https://www.liblib.art/modelinfo/42182b07437043149482d6c152f7fc06）为例，底模为"动漫 ReVAnimated_v1.1.safetensors"（https://www.liblib.art/modelinfo/19dc35d37d10bdcf9e952eba82f03de6），VAE 为"vae-ft-mse-840000-ema-pruned.safetensors"，如图 5.40 所示。

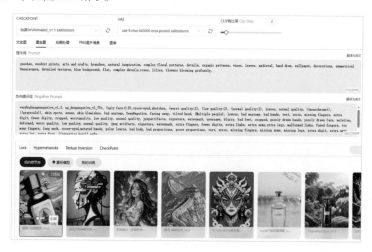

图 5.40

12 其他参数按照模型作者推荐填写，商品图以及蒙版保持不变，最后单击"开始生图"按钮，生成的图片中商品保持不变，商品的背景已经变成了国潮风格，不同商品的风格就做出来了，如图5.41所示。

图 5.41

IP 形象创作

基于 AI 技术可以创作出具有独特形象和风格的 IP 角色或形象，这些 IP 可以应用于各种领域，如动漫、游戏和文学等。相较于传统的手绘 IP，AI 绘画 IP 具有更高的创作效率和多样性，可以满足不同受众的需求。这里以 3D 汉服女孩为例进行讲解，操作步骤如下。

01 首先进入 LiblibAI 界面的"模型广场"，在搜索框中输入"三视图"，搜索适合做 IP 形象的三视图模型，如图 5.42 所示。

02 这里想要生成一个 3D 的立绘三视图，所以选择"mw_3d 角色 ip 三视图 q 版"模型（https://www.liblib.art/modelinfo/3778cf8659614c039355884a98157943），如图 5.43 所示。

图 5.42

图 5.43

03 将模型加入模型库，单击"立即生图"按钮，进入"文生图"界面，根据模型作者的参数推荐，选择"GhostMix 鬼混 _V2.0.safetensors"为底模（https://www.liblib.art/modelinfo/cb8d7083b853b23 61c243fdb03778b17），VAE 为"自动匹配"，如图 5.44 所示。

04 在"提示词"文本框中，输入模型触发词 sanshitu，再输入生成 IP 形象的特征、穿着、动作等词语，词语越详细与预期效果会越接近，在"负向提示词"文本框填写一些不需要展示的词语即可，如图 5.45 所示。

CHECKPOINT | VAE

GhostMix鬼混_V2.0.safetensors | 自动匹配

图 5.44

文生图　图生图　后期处理　PNG图片信息　图库

提示词 Prompt　　　　　　　　　　　　　　　　　　　　　　　　　翻译为英文

sanshitu, three views, full body, 1girl, Hanfu, standing, Black Hair, Long Hair, happy, LA07, simple background,

106/2000

负向提示词 Negative Prompt　　　　　　　　　　　　　　　　　　　　翻译为英文

(worst quality:2), (low quality:2), (normal quality:2), lowres, normal quality, ((monochrome)), ((grayscale)), text, error, extra digit, fewer digits, cropped, jpeg artifacts, signature, watermark, username, blurry, skin spots, acnes, skin blemishes, bad anatomy, fat, bad feet, cropped, poorly drawn hands, mutation, deformed, tilted head, bad anatomy, bad hands, extra fingers, fewer digits, extra limbs, extra arms, extra legs, malformed limbs, fused fingers, too many fingers, long neck, cross-eyed, mutated hands,

496/2000

图 5.45

05 选择之前加入模型库的模型，选择"LoRA"→"我的模型库"→"mw_3d 角色 ip 三视图 q 版"，根据模型作者的参数推荐，将模型权重设置为 1.0。这里为了让 3D 效果更突出，还增加了另一个 LoRA 模型"3D 盲盒风 | 秒出效果 |3D 插画"（https://www.liblib.art/modelinfo/8cece351 4c6a4744a943445feadc2995），权重为 0.5，设置"采样方法（Sampler method）"为"DPM++ 2M Karras"，设置"迭代步数（Sampling Steps）"为 20，勾选"高分辨率修复"复选框，设置"重绘采样步数（step）"为 8，设置"重绘幅度（Denoising）"为 0.5、"放大倍率"为 2，尺寸为 768×512，如图 5.46 所示。

06 最后单击"开始生图"按钮，生成的图片中包含 3D 汉服女孩的三个视角，可以为后期创作提供更好的参考，如图 5.47 所示。如果想生成其他风格的 IP 形象，叠加其他 LoRA 模型生图，会得到更多的风格。

图 5.46

图 5.47

产品设计启发

得益于 AI 技术的无限可扩展性, 只要选择正确的模型并输入提示词, 就可以依据提示词批量设计各类产品, 以在短时间内为设计人员提供大量可供参考的设计灵感, 甚至有些方案可以直接提交给客户进行讨论, 这里以设计一款蓝牙音箱为例, 讲解具体操作步骤。

01 首先进入 LiblibAI 界面的"模型广场", 在搜索框中输入"真实感"。这里要生成的产品是真实的, 能为设计师提供想法, 所以搜索一个真实感模型, 如图 5.48 所示。

02 搜索到的真实感模型大部分都是用于生成人像的, 这里要生成产品, 所以选择"真实感必备模型 | Deliberate"模型(https://www.liblib.art/modelinfo/43b2aff6d0d0b6d24626c0bf6791e524), 如图 5.49 所示。

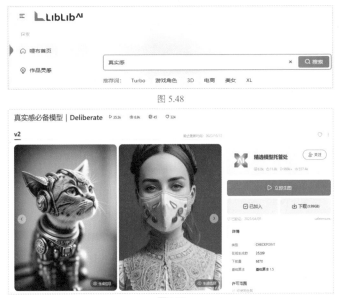

图 5.48

图 5.49

03 将模型加入模型库, 单击"立即生图"按钮, 进入"文生图"界面, 将底模设置为刚刚保存的"真实感必备模型 | Deliberate", 设置 VAE 为"自动匹配", 如图 5.50 所示。

04 在"提示词"文本框中, 首先输入将要生成的产品的英文, 再将产品的形状、颜色、材质等细节描述词填入, 在"负向提示词"文本框中填写一些不需要展示的内容 的词语即可, 如图 5.51 所示。

CHECKPOINT	VAE
真实感必备模型 | Deliberate_v2.safetensors	自动匹配

图 5.50

文生图　图生图　后期处理　PNG图片信息　图库

提示词 Prompt

3D product render,bluetooth speaker, Cone,finely detailed,4K,Metallic feeling, conical, sense of technology, button, LCD display,

负向提示词 Negative Prompt

EasyNegative, (worst quality:2), (low quality:2), (normal quality:2),lowres, ((monochrome)), ((grayscale)), cropped, text, jpeg artifacts, signature,watermark, username, sketch, cartoon, drawing, anime, duplicate, blurry, semi-realistic, out of frame, ugly, deformed,

图 5.51

05 设置"采样方法（Sampler method）"为"DPM++ 2M Karras"，设置"迭代步数（Sampling Steps）"为20，勾选"高分辨率修复"复选框，设置"重绘采样步数（step）"为20、"重绘幅度 Denoising"为0.5、"放大倍率"为2，尺寸为512×512，设置"每批数量（Batch size）"为4，生成的数量多，每次可以看到更多的效果，其他参数保持不变，如图5.52所示。

06 最后单击"开始生图"按钮，生成了4张蓝牙音箱的图片，这4张图基本上包含所有提示词特征，但是每张各有特点，可以为设计师创作提供更开阔的思路，如图5.53所示。

图 5.52 　　　　　　　　　　　　　　　　　图 5.53

07 因为底模是真实感的模型，所以想要做科技感或其他风格的产品只加提示词可能达不到想要的效果，这时我们可以通过添加 LoRA 模型为产品变换风格，这里想生成一个机甲风的音响，添加 LoRA 模型"Gundam_Mecha 高达机甲"（https://www.liblib.art/modelinfo/bb25223e3d6545e1be14c2b3a3967572）和"科幻道具"（https://www.liblib.art/modelinfo/63fb4c57e0a34c97a0e241958270b133），设置"权重"为0.8，如图5.54所示。

08 其他参数保持不变，在"提示词"文本框中添加模型触发词 BJ_Gundam，最后单击"开始生图"按钮，生成了4张机甲风格的蓝牙音箱，造型非常酷炫，如图5.55所示。如果想做其他风格的音响，保持步骤不变，只需找到合适的 LoRA 模型替换即可。

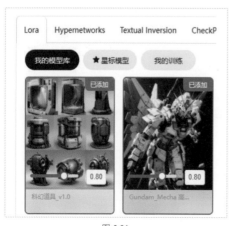

图 5.54 　　　　　　　　　　　　　　　　　图 5.55

第6章
AI 在设计领域的具体应用

用美图设计室设计 AI 海报

美图设计室简介

美图设计室是美图公司于 2022 年特别为工作场景用户推出的智能设计生产力工具，以"AI 商品设计"和"AI 平面设计"为核心，开发了多项创新功能，包括 AI 商品图、AI 海报、AI 潮鞋、AI 换装等。

本节主要介绍其"AI 海报"功能的使用。只需输入简单的一句话，就能在短短的 10 秒内获得百张精美的海报图。"AI 海报"工具不仅适合电商从业者、微信营销用户和办公人员使用，还能为广告宣传、个人活动等领域提供高效的设计方案，以满足用户需求并提升用户体验。

具体使用方法

01 打开 https://www.x-design.com/ 网址，登录后，单击首页"设计工具"中的"AI 海报"图标，进入如图 6.1 所示的页面。

02 选择海报类型，开始制作海报。目前，美图设计室的"AI 海报"有 7 种海报类型，分别分别为"电商主图""日常问候""活动邀请函""生日祝福""节日祝福""公告通知""人才招聘"，笔者接下来想要制作关于商品的海报图。

图 6.1

03 单击"电商主图"图标，进入如图 6.2 所示的页面。

图 6.2

04 在左侧编辑区输入"LOGO名称""商品名""价格""营销利益点""商品卖点",并上传"LOGO图片"和"产品图片"。其中,"商品名""营销利益点""产品图片"是必填的。笔者编辑的摄影课程商品如图6.3所示。

05 单击"生成"按钮,即可一键生成海报。如果对生成的海报不满意,可单击下方的"生成更多"按钮。AI海报生成效果如图6.4所示。

图 6.3

图 6.4

06 选中喜欢的海报,单击"编辑"按钮,进入海报编辑页面,对海报进行编辑优化,笔者要编辑的海报页面如图6.5所示。

图 6.5

07 对海报中的文字及边框进行优化，笔者优化后的海报如图 6.6 所示。

08 海报编辑完成后单击右上方的"下载"按钮，即可保存海报。

图 6.6

用标智客来设计 LOGO

标智客简介

标智客是北京生橙视觉科技有限公司推出的一款智能 LOGO 设计工具，充分利用 AIGC 大模型的能力，结合独特的设计美学算法，为使用者提供 AI 生成设计服务。

基本使用方法

01 打开 https://www.logomaker.com.cn/ 网址，进入标智客首页，如图 6.7 所示。

图 6.7

02 在"智能 LOGO 设计生成"大字下方的文本框内输入品牌名称，笔者在文本框内输入了"点智"，如图 6.8 所示。

图 6.8

03 单击右侧的"开始生成"按钮，自动跳转到选择场景页面，笔者根据品牌定位选择了使用场景及产品定位，如图 6.9 和图 6.10 所示。

图 6.9 　　　　　　　　　　　　　　　　　　图 6.10

04 根据个人需求，输入品牌英文名字及 LOGO 图形创意（选填），如图 6.11 所示。

05 单击"马上生成"按钮，即可生成 LOGO，笔者生成的 LOGO，如图 6.12 所示。

图 6.11 　　　　　　　　　　　　　　　　　　图 6.12

06 如果对生成的效果不满意可单击 LOGO 后面的"继续生成"按钮，即可生成更 LOGO。单击喜欢的 LOGO，即可按照此类 LOGO 进行换色彩、换图标等拓展生成。如图 6.13 所示后 3 个 LOGO 是由第一个 LOGO 拓展来的。

图 6.13

用极有家进行室内设计

极有家简介

极有家是阿里巴巴旗下的一站式家装平台，专注于家装家居领域，提供建材、家具、家纺、布艺、床品、家饰和百货商品，为广大消费者提供极致的家装家居百货体验。目前，此板块在淘宝 App 之中。

真能造是极有家里面的一个 AI 设计工具，内置许多风格模板，比如家点圣诞氛围、山系风、向日葵、星空、民国复古风、未来感、多巴胺、奶油风、现代风和北欧风等 20 种风格模板。

基本使用方法

01 打开淘宝 App，在搜索框内输入"极有家"，单击"搜索"按钮，出现极有家页面，如图 6.14 所示。

02 单击"真能造"图标，即可开始 AI 室内设计创作，真能造 AI 页面如图 6.15 所示。

图 6.14

图 6.15

03 单击下方中间的"创建效果"图标，上传需要设计的室内图片，笔者上传的图片如图 6.16 所示。

04 接下来选择空间和风格。选择空间是指根据上传的室内图片选择属于什么类型的空间。选择风格是指选择想要生成的风格样式。笔者选择了"客厅"空间和"向日葵"设计风格。选择界面如图 6.17 所示。

图 6.16

图 6.17

05 单击下方的"立即生成"按钮，即可一键生成想要的设计效果。笔者生成的"向日葵"风格如图 6.18 所示。

图 6.18

06 单击喜欢的风格，可进行换家具和找同款家居。这个功能无论是对家居设计公司，还是对个人来说都是很实用的。设计公司通过更换不同家具类型让顾客看到不同的设计效果。个人在使用设计效果看到喜欢的家具想购买时，可以单击"找同款"按钮，从而在淘宝搜索此类型的家具，非常方便。此功能如图 6.19 所示。

图 6.19

07 单击"换家具"按钮，涂抹要替换的家具，再单击"选择新家具"按钮，把新家具移动到相应的位置，即可完成换家具的操作。涂抹页面和替换新家具后的页面如图 6.20 和图 6.21 所示。

> 提示：在换家具移动的过程中，家具方位调整很难做到与整体契合，只能看大概方向。

08 单击"找同款"按钮，AI 自动识别图像中的家具，在淘宝搜索同类型的家具，搜索页面如图 6.22 所示。

图 6.20

图 6.21

图 6.22

用 Reimagine Home AI 进行室内外建筑设计

Reimagine Home 简介

Reimagine Home 是一个利用人工智能技术为家居设计师提供各种风格、颜色、空间布局的家居设计灵感的网站平台。

基本使用方法

01 打开 https://app.reimaginehome.ai/ 网址，注册并登录后进入首页，如图 6.23 所示。

图 6.23

02 单击 Surprise me:One click design generation 图标，上传图片后可进行室内风格的转换。笔者上传的图片和生成的传统风格的设计如图 6.24 和图 6.25 所示。

图 6.24

图 6.25

03 单击 Start a project :your project ,your way 图标，上传一个空旷的室内图像可填充室内家具及布局。笔者上传的图片和 AI 生成的设计图片，如图 6.26 和图 6.27 所示。

图 6.26

图 6.27

第 7 章
AI 在音频中的具体应用

用鬼手剪辑 GhostCut 进行语言翻译

鬼手剪辑 GhostCut 简介

鬼手剪辑是一款视频剪辑软件，能够通过充分运用人工智能技术，对音视频的各个细节进行优化处理，实现包括智能去除文字水印、视频翻译、视频擦除和视频去重在内的多种效果，因此可以大幅提高视频处理效率。

在视频语言翻译方面，鬼手剪辑提供了两项功能，分别是通过原视频的语音和原视频的文字进行翻译，下面讲解具体的使用方法与注意事项。鬼手剪辑是一款智能视频剪辑软件，提升用户素材处理速度和提高视频创意质量。

基本使用方法

01 打开 http://cn.jollytoday.com/ 网址，注册并登录后进入如图 7.1 所示的页面。

图 7.1

02 单击"视频翻译"按钮，进入如图 7.2 所示的页面。

图 7.2

03 在右侧编辑区上传要翻译的原视频，如图 7.3 所示。

> 提示：非会员仅支持15秒以内的视频（<400MB），若超出15秒，最终生成的视频仅保留前15秒，购买点卡套餐可成为会员。

图 7.3

04 选择翻译视频的语音或者翻译视频的文字，两者的区别在于翻译视频文字无法进行配音，如图 7.4 所示。接下来笔者选择翻译视频的语音来进行操作演示。

05 选择原视频的语种和要翻译的语种，如图 7.5 所示。

图 7.4

图 7.5

06 选择配音风格，注意鬼手剪辑中无法克隆自己的声音进行翻译，只能选择默认的 AI 配音，如图 7.6 所示。

07 根据需求选择"原视频静音"或者"保留背景音"选项，如图 7.7 所示。

图 7.6

图 7.7

08 接下来根据需求选择字幕效果，笔者设置的字幕效果如图 7.8 所示。

09 单击左侧的"智能去文字"按钮，把原视频的中文字幕去掉，如图 7.9 所示。

图 7.8

图 7.9

10 根据需求单击左侧的"视频去重"和"音乐"
按钮，然后单击右上角的"提交"按钮即可
生成新视频，生成的新视频如图 7.10 所示。
单击"智能去文字"按钮后，视频的处理速
度比较慢。

> 提示：普通用户有9点能量免费使
> 用，每30秒视频扣4点能量。

11 如果对生成的视频效果不满意，可单击"字
幕调整＆下载"和"调整擦除区域"按钮，
分别进入如图 7.11 和图 7.12 所示的页面进
行二次编辑，编辑完成后单击右上角的"提
交"按钮，重新生成视频。

图 7.10

图 7.11

图 7.12

用腾讯智影进行文本配音

腾讯智影简介

腾讯智影可以为创作者提供文本配音功能，满足创作者为视频添加独白、讲解和论述等需求。

基本使用方法

01 打开https://zenvideo.qq.com/网址，注册并登录后，进入腾讯智影，如图7.13所示。

图 7.13

02 单击"文本配音"功能按钮，进入文本配音页面，其页面布局如图 7.14 所示。

图 7.14

03 作为一款无须安装的在线视频编辑网站，其界面十分简洁。单击"新建文本配音"按钮进入此功能界面，单击上方的操作按钮可以对"音色""语调""读音方式"分别进行调整，下方的功能区提供"多音字检测"及音频时长预测，并且最高支持8000字上限文本朗读，如图 7.15 所示。

图 7.15

04 将文本内容输入至选区内，系统根据文字字数结合语速，预测音频时长为00：02：31，单击工具栏中的卡通人物图标，可以更改语音朗读音色、调整朗读速度、更改朗读音量，如图7.16所示。

05 单击右上方的试听按钮，可以对文本内容进行试听。在试听的过程中可以单击工具栏中的"插入停顿"按钮，改变语音节奏，也可以单击"局部变速"按钮，改变部分文段的语速，如图7.17所示。

图 7.16

图 7.17

06 单击下方的"多音字检测"按钮，AI工具自动识别文中的多音字，单击其中系统标注出来的读音，可以及时修改试听过程中读错的语音进行替换，如图7.18所示。

图 7.18

07 另外，如果语音文本为"对话类"文本，可以选择对应文本，单击工具栏中的"多发音人"按钮进行语音转化，如图7.19所示。

图 7.19

08 单击右上角的"音频生成"按钮，即可生成音频文件，单击其中的"下载"按钮，便可以在线下载MP3格式的音频文件，单击其中的"剪辑"按钮，便可以进行在线编辑，如图7.20所示。

图 7.20

用 FLIKI 进行文本配音

FLIKI 简介

在 FLIKI 中，可以通过一段文本利用现有的素材生成视频，选择特定的声音来完成视频配音。

基本使用方法

01 打开 https://app.fliki.ai/ 网址，进入 FLIKI 首页，单击 log in 按钮，填写国内邮箱注册即可登录，登录成功进入主界面，如图 7.21 所示。

图 7.21

02 单击 New file 按钮，建立新的项目。用户可以选择 video 单选按钮，制作类似图文成片的效果，也可以选择 Audio only 单选按钮制作音频文件。在下面还可选择语种和语言，并设置视频名称，选择视频格式和视频类型，如图 7.22 所示。

03 选择 video 单选按钮，在 Language 下拉列表中选择选择 Chinese 选项，单击 submit 按钮，进入图像生成选择页面。在文本框内输入关键词，这里输入了"fall in love"，默认视频为一分钟，其他选项均不做改动，如图 7.23 所示。

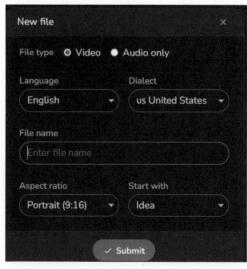

图 7.22

图 7.23

04 AI工具根据给定关键词自动生成视频，在左侧的文本框内，可以添加语音角色进行更换，如图7.24 所示。

05 还可以选择Layout选项，进入图片视频素材库选择素材，如图7.25所示。

图7.24

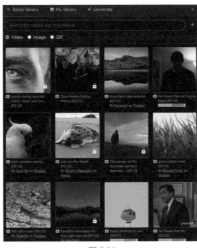

图7.25

图7.26

06 单击右侧的工具栏，可以对"音量""语速""背景色""尺寸""字体"分别进行调节，如图7.26所示。

07 确定画面效果之后，单击右上角的download按钮即可将其下载到计算机中，如图7.27所示。

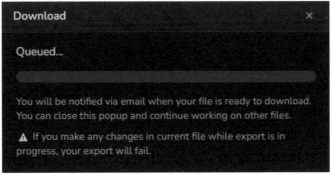

图7.27

用 Veed AI Voice Generator 进行语音克隆

Veed AI Voice Generator 简介

Veed AI Voice Generator 是 Veed 公司推出的 AI 智能创作平台，功能涵盖文本语音转换及在线视频剪辑等功能。同时，在使用文本语音转换功能时，提供 4 种"情绪"，以及 0.75x ~ 1.5x 的语速选择，帮助使用者掌控朗读节奏。

基本使用方法

01 打开 https://www.veed.io/ 网址，进入 Veed AI Voice Generator 首页，无须登录便可使用，如图 7.28 所示。

图 7.28

02 下面先对其基本界面进行简单了解。单击 media（媒体）按钮，可以单击 Upload a File 按钮上传自己的素材，如图 7.29 所示。上传成功之后，便可以在工作区对其属性进行调整。然后在下方的 Videos 选项区域选择在线素材，下载完成后，单击素材便可将其添加至工作区。也可以根据音乐风格选择添加合适的背景音乐，如果登录创作平台还可以生成"数字人形象"。图 7.30 所示便是 Media 功能区的基本功能。

图 7.29

图 7.30

03 单击左侧的 Audio 按钮，再单击其中的 Add Text -to -Speech 便可以进行文字语音转换。上方的文字输入区最多支持输入 250 字（上限），在下方的 Language 与 Voice 中可以选择合适的音色，如图 7.31 所示。

04 单击左侧的 Text 按钮可以选择字幕字体，选择其中的文字可以对其进行排版设计，如图 7.32 所示。

05 单击左侧的 Eements 按钮，则可以选择贴纸，单击贴纸可以添加动画、改变贴纸的颜色及角度，如图 7.33 所示。

图 7.31

图 7.32

图 7.33

06 按照上述步骤，先单击 Audio 中的 Add Text -to -Speech 按钮输入文本，选择 Chinese Mandarin 中的晓涵语音，如图 7.34 所示。

07 单击 Media 按钮添加画面内容，以及背景音乐，如图 7.35 所示。

08 单击 Text 按钮添加第一个标题文字，如图 7.36 所示。
全部添加完成之后可以在下方剪辑区通过拖动鼠标进行调整，最终轨道呈现如图 7.37 所示。

图 7.34

图 7.35

图 7.36

图 7.37

用 REECHO AI 进行文本配音

REECHO AI 简介

REECHO AI 是一款语音合成工具，通过用户上传音频文件或者在线录制声音来进行语音克隆。注册之便后会获得 1500 点初始点数，每次使用都会扣除部分点数，每日签到也可获得奖励点数。

基本使用方法

01 打开https://dash.reecho.ai/generate网址，进入REECHO AI的首页，如图7.38所示，根据首页提示可以进行下步操作。

图 7.38

02 进入注册界面，完成账号注册并登录，账号剩余点数及每次使用扣除点数如图 7.39 所示。

图 7.39

03 单击工具栏中的"角色管理"按钮，单击"添加角色"按钮，进入角色声音添加界面，如图 7.40 所示。

04 根据下方的音频样本文件需求，上传小于 10MB 大小的音频文件，或者在线录制 8 秒左右的音频录音，之后输入名称，单击"添加"按钮便可。

> 提示：不支持视频文件导入，需使用其他工具进行格式转换。

图 7.40

05 声音添加完成之后，返回语音生成界面，在上方的文本框内输入不超过 50 字符的文字，单击"分配角色"按钮，如图 7.41 所示。

06 经过多次实测，在右边的模型选择上尽量保持默认数据不变，如需修改只进行细微调整，如图 7.42 所示。

图 7.41

图 7.42

07 生成完成后进行试听，单击音频右侧的更多按钮，便可以完成修改、下载等多项操作，如图 7.43 所示。

08 除了声音克隆，在声音市场内同样有其他 AI 配音选择，对克隆声音不满意的可以使用市场内的声音进行配音，如图 7.44 所示。

图 7.43

提示：单击"点数商店"，通过每日签到可领取点数用于生成音频。另外，根据笔者实测，上传语音样本需保持语气一致，如果同一段语音样本变化过大，则会影响最终生成效果。

图 7.44

用 Natural Reader 进行文本配音

NaturalReader 简介

NaturalReader 是一款纯粹的文字转语音工具，同时支持客户端与网页版使用。不同于大部分 AI 语音工具专为短视频平台提供服务，NaturalReader 的功能重心更多的是面向文字篇幅较大的小说书籍，以创建有声读物等阅读类工作。

基本使用方法

01 打开 https://www.naturalreaders.com/ 网址，进入 NaturalReader 的首页，单击 Get Started For Free 超链接，便可进行下一步操作，如图 7.45 所示。

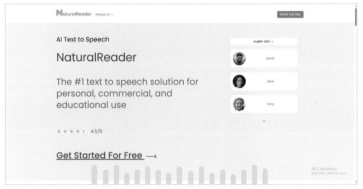

图 7.45

02 NaturalReader 的主界面非常简洁，只有添加文件、选择语言、设置倍速等基本功能，单击上方的头像可以对语种和语言进行修改，如图 7.46 所示。

03 将朗读文本复制到文本框内，单击蓝色播放按钮便可以进行播放。单击右上角的 CC 按钮，会在屏幕下方实时显示当前朗读文段，如图 7.47 所示。

图 7.46

图 7.47

04 单击 Add 按钮，可以选择添加 PDF 格式的书籍，导入 PDF 文件，其语音生成速度并不会因为 PDF 文件格式过大而受影响，生成的文件同样支持在线预览，如图 7.48 所示。

05 NaturalReader 免费无登录版提供 20 分钟免费试听时长，通过网站下载需要注册成为会员才可使用。

图 7.48

内置 AI Voice Generator 功能介绍

在 NaturalReader 功能区单击 More 选项，即可打开其内置的 AI Voice Generator 功能界面，如图 7.49 所示。

AI Voice Generator 以对话框的形式进行语音转换，单条支持最高 4000 字节与 20 条对话框上限，在文本框内输入文字便可进行试听。

与 NaturalReader 相同的是，AI Voice Generator 同样不支持免登录下载，用户需登录进行下载。

图 7.49

用 Riffusion 生成背景音乐

Riffusion 简介

Riffusion 是一个免费开源的实时音乐和音频生成器，用户通过简单的音乐描述，AI 便可以生成对应风格的音乐，可用于生成短视频的背景音乐。

基本使用方法

01 打开 https://www.riffusion.com/ 网址，进入 Riffusion 的首页，其界面如图 7.50 所示。

02 Riffusion 工作区分为 3 个部分，即提示词输出区、预览编辑区和热门参考区。

图 7.50

03 在 Add lyrics to generate a song 下方的文本框中输入提示词，单击右下角的调整按钮。这里输入 I love you ，单击下方的调整按钮，得到"文艺替换"效果，如图 7.51 所示。

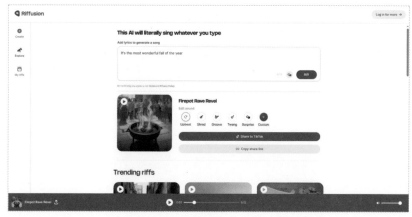

图 7.51

04 单击 Riff 按钮，预览编辑区生成的预览文件，单击播放按钮进行试听。之后单击编辑区的 Upbeat 按钮可以更换伴奏，随机生成另一曲风文件。单击编辑区对应的曲风则可以生成固定曲风的音频文件，如图 7.52 所示。

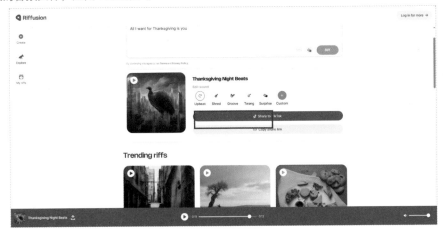

图 7.52

05 选中音乐文件，选择 More 选项，便可以进行下载保存，可以选择保存为视频文件或者 MP3 文件，如图 7.53 所示。

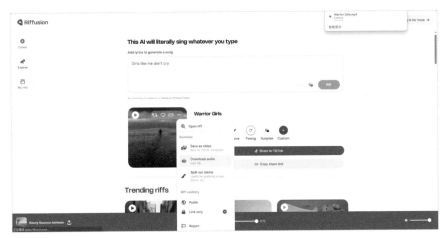

图 7.53

用 DEEPMUSIC 生成背景音乐

DEEP MUSIC 简介

　　DEEP MUSIC 是来自于清华大学的科技团队出品的一款人工智能音乐工具，旨在运用 AI 技术从作词、作曲、编曲、演唱、混音等全方面降低音乐创作难度及制作门槛，推出了"和弦派""口袋乐队""BGM 猫""LYRICA""LAZYCOMPOSER"五项应用，其中，"BGM 猫"面向普通用户，可以帮助使用者生成可商用的和个人使用的配乐。

"BGM 猫"基本使用方法

01 打开 https://bgmcat.com/home 网址，进入"BGM 猫"的首页，左侧为工具栏，中间为工具区，未登录用户每日有 3 次免费生成机会，单击工具栏左下角的"登录"按钮即可进行注册及登录，操作界面如图 7.54 所示。

图 7.54

02 单击"视频配乐"选项，设置"输入时长"为 1:00，"输入描述"和"选择标签"两者择一即可，在"输入描述"文本框中输入提示词，将利用文心一言 AI 生成的提示词复制到"输入描述"文本框中，如图 7.55 所示。

图 7.55

03 根据笔者实测，如果"输入描述"内提供的提示词足够完善，那么选择不合适的标签可能适得其反。如果提示词中指定了乐器，而在下方的"选择标签"中选择了不适合此类乐器的曲风，所得效果不如不进行标签选择。

这里选择了"浪漫""节日庆祝"等对生成效果影响不大的提示词，单击"生成"按钮即可进行试听，如图 7.56 所示。

图 7.56

04 在不进行输入描述的情况下，选择"选择标签"复选框按照需求进行"风格""场景""心情"的选择，这里选择"浪漫""摇滚""旅行"进行生成，如图 7.57 所示。

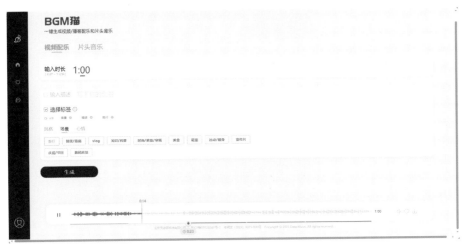

图 7.57

与"输入描述"相比，"选择标签"生成的音乐在包含元素上由系统 AI 自动生成，但总体曲风效果与"输入描述"所得大致相同，使用过程中根据自己的实际需求选择对应方式生成即可。

最终生成音频文件后，可单击下方的"下载"按钮保存有水印的文件，也可根据版权要求订阅会员付费下载。

LAZY COMPOSER 的基本使用方法

LAZY COMPOSER 是 DEEP MUSIC 旗下的 AI 作曲软件，创作者通过作曲器输入简单的音符，AI 根据输入的音符进行补充续写，音乐的质量与效果受创作者输入的音符影响。

01 打开https://www.lazycomposer. com/about网址，在网站首页下滑找到LAZYCOMPOSER对应窗口，单击"立即体检"按钮即可，如图7.58所示。

图 7.58

02 进入首页，页面下方"钢琴键盘"为功能操作区，在键盘上单击，可以得到对应音符，如图7.59所示。

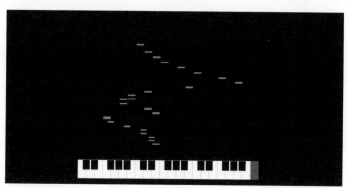

图 7.59

03 单击"开始"按钮，在键盘上单击音符，进入 10 秒倒计时，完成之后，AI 根据使用者提供的音符进行自动续写，如图7.60所示。

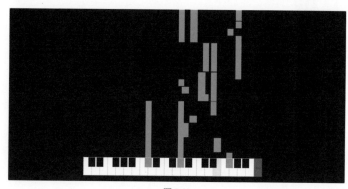

图 7.60

04 此外，DEEP MUSIC 还有 LYRICA AI 歌词生成器功能，通过关键字描述得到相关主题的歌词，也可以利用改写模式，通过提供歌名的方式对原歌词进行改写，如图 7.61 所示。

图 7.61

此外，DEEP MUSIC 还有"和弦派""口袋乐队"这两款专门为音乐人服务方便他们进行创作的软件，因其专业性较高，在此不做过多介绍，感兴趣的可以在使用"BGM 猫"的同时进行了解，功能介绍如图 7.62 与图 7.63 所示。

图 7.62

图 7.63

用 TMS STUDIO 生成背景音乐

TMS STUDIO 简介

TMS STUDIO 是腾讯平台推出的 AI 智能音频处理工具，目前有人声分离、MIR 计算、辅助写词、智能曲谱 4 种功能，可以帮助用户完成人声音频分离，并在伴奏中按照乐器类型进行分类，供用户单独使用下载。

基本使用方法

打开 https://y.qq.com/tme_studio/index.html#/editor 网址，页面如图 7.64 所示。

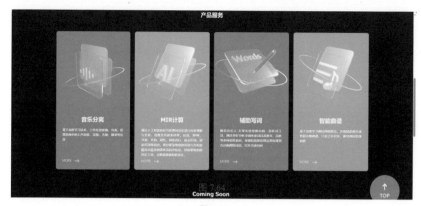

图 7.64

1."音乐分离"功能

01　"音乐分离"功能可以将音频中的原声与背景音乐分离，适用于提取视频原声。

02　单击 More，单击"导入音乐"按钮，导入素材音乐，在工具栏中单击"音乐分离"按钮，选择"全部分轨"选项，如图 7.65 所示。

图 7.65

03　等待 AI 完成操作，按照音频的不同声音种类进行划分，如图 7.66 所示。

04　单击工具栏中的"播放"按钮，可以进行播放试听。在左侧可以对对应音轨的音量进行控制调节，可以调节音量大小，单击音频控制中的"独"或者"静"可以选择单独播放某一音轨，或者静音某一音轨，如图 7.66 所示。

图 7.66

05 选中对应轨道，单击"音频信息"按钮，即可查看对应轨道的基本信息，如图7.67所示。

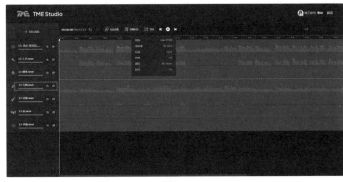

图 7.67

06 选中对应轨道，如选中吉他轨道，即可导出只有吉他轨道的单独音频，如图7.68所示。

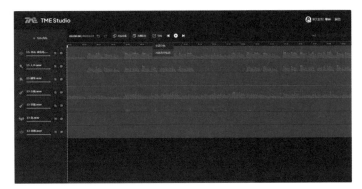

图 7.68

2."辅助写词"功能

"辅助写词"功能通过两种方式进行辅助创作。一种是"押韵"，即将"韵脚"输入至文本框内，根据设定方式进行词句推荐。另一种是"联想"，根据指定词句，寻找意境相同的词语进行推荐。

01 打开"辅助写词"功能界面，输入关键词"希望"，选择"双押"功能方式，设置"声调"为"一致"，得到的选择如图7.69所示。

图 7.69

02 重新选择，单击"联想"，在下方选择"民谣"，输入关键词"做梦"，得到的选择如图 7.70 所示。

03 另外，也可以在"笔记区"记录查找过程中挑选的合适词语。

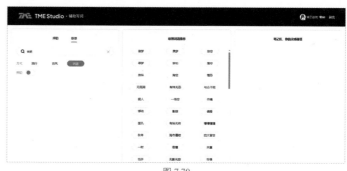

图 7.70

3. "智能曲谱"功能

"智能曲谱"功能适合音乐类乐器学习者使用。通过智能曲谱功能上传音乐，AI 根据音乐分析得出不同乐器的曲谱。

01 单击选择音乐进行上传，选择对应乐器的曲谱，即可生成对应的曲谱，如图 7.71 所示。

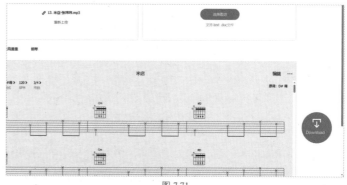

图 7.71

02 划动曲谱，在下方的功能区可以对曲谱进行调整，或者选择对应的曲段，如图 7.72 所示。

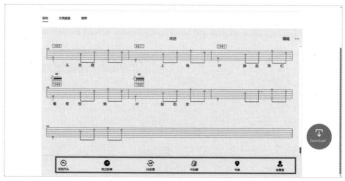

图 7.72

03 单击"选择歌词"按钮，可以上传本地歌词进行同步，或者单击屏幕右下方的"下载"按钮，保存 PDF 文件至本地使用，如图 7.73 所示。

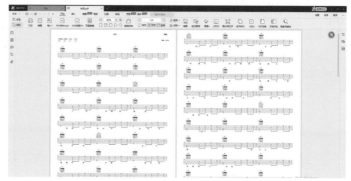

图 7.73

用唱鸭 AI 生成主题音乐

唱鸭 AI 简介

唱鸭AI是一款一站式解决AI创作全流程的AI自动作曲软件,具有AI辅助作词、AI自动作曲、编曲、混音等功能。

基本使用方法

打开 https://www.singduck.cn/ 网址,目前唱鸭 AI 仅支持手机端使用。下载安装完成登录进入主页,界面如图 7.74 所示。

1. AI 写歌

01 点击屏幕上方的"AI写歌",点击"去写歌",进入创作歌词界面,在"创作歌词"文本框中输入提示词,在"自定义音乐元素"文本框中输入音乐类型,如图 7.75 所示。

02 试听 AI 歌手的声音,这里选择"文栗"作为创作歌手,点击"生成歌曲"按钮,如图 7.76 所示。

图 7.74

图 7.75

图 7.76

03 创作生成歌曲可在"当前创作任务"列表中查看,在音乐试听界面单击"编辑"按钮,可以对音频中的人声部分和伴奏部分分别进行调整,如图 7.77 所示。

不同于英文软件中需要通过对 BPM 数值的调整,以及各种复杂的英文提示词来进行曲风的更改,这里只需要单击"唱高""唱低""变快""变慢"即可完成歌声的修改。

图 7.77

04 在"编辑"界面，可以通过编辑人声旋律和伴奏来尝试不同的音乐效果，如图7.78所示。

05 音频调整完成后，可以使用"编辑"旁边的"魔法棒"工具进行AI一键微调，如图7.79所示。

06 确定最终音频呈现效果，单击"发布当前作品"按钮进行AI一键生成MV，如图7.80所示。

07 点击"发布"按钮，等待AI软件合成，便可在MV下方进行分享或者保存，如图7.81所示。

图7.78

图7.79

图7.80

图7.81

2. 做伴奏

01 点击主界面上方的"做伴奏"选项，进入操作主界面，如图7.82所示。

02 点击下方的"使用和弦模板"选项，在这样的情况下只需加入鼓和音乐旋律便可完成伴奏，如图7.83所示。

03 在此，笔者选择"甜甜的吻"模板进行套用，进入操作界面，如图7.84所示。

图7.82

图7.83

图7.84

04 选择下方对应音乐种类中的"鼓声",点击"开始"按钮便可添加伴奏,如图 7.85 所示。

05 只需录制两个小节的鼓声,即可满足循环播放的要求,点击"预览"窗口的符号,即可完成音频校对,如图 7.86 所示。

06 音频完成之后,点击"完成"按钮,即可在"乐段信息"中添加词句,或者在上方选择混响等进行调节,如图 7.87 所示。

图 7.85

图 7.86

图 7.87

07 对于没有经历过乐器训练,没有学习过乐理知识的普通人,此种方式需要大量练习才能完成。这时可以选择其中的"旋律"进行尝试,如图 7.88 所示。

08 将音律从数字 1 ~ 7 进行排列,分别对应 do、re、mi、fa、sol、la、si 七个音级,单击右上角的设置按钮,在"琴键标示"选项中选择"音名模式",界面如图 7.89 所示。

图 7.88

图 7.89

09 在百度搜索"小星星"简谱，得到"1155665 4432221 5544332 5544221"。

10 选择"八音盒"旋律，按照固定节奏在键盘上敲起对应数字，如图7.90所示。

11 点击右上方的"节拍器设置"，略微加快伴奏速度及伴奏音量，如图7.91所示。

12 调节完成之后，在"作品预览"界面进行最后调节，点击"下一步""导出"按钮即可完成创作。

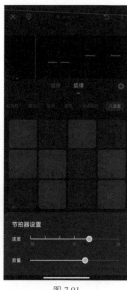

图7.90   图7.91

用 Musico AI 生成背景音乐

Musico AI 简介

Musico AI 是一款面向普通用户，帮助用户根据所需音乐风格自动创作音乐的智能工具。用户只需通过操作台进行音乐节奏控制，剩下的全部由 AI 完成。

基本使用方法

01 打开 https://app.musi-co.com/live 网址，无须登录便可直接使用，界面主要操作功能区为"圆环"周围音乐调节区，Volume 用于进行音量调节，Audio mock-up soundset 用于选择音频模型声音集，Start 用于创建曲目开始音乐类型，end 用于创建结束曲目音乐类型，Tempo 用于调节音频节奏，Mixer 用于调节合成器音量主次，界面如图 7.92 所示。

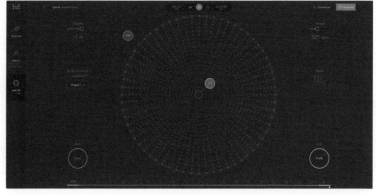

图7.92

02 单击Start 按钮，选择Funk 音乐，单击End按钮，选择Soul音乐，选择Generate 中的长度尺，可以选择从开始到结束生成的对应音乐"小节"也就是"圆形"中的环数，如图7.93 所示。

图 7.93

03 BPM 值是几乎所有 AI 音乐工具都会提到的一个参数，通过调节 BPM 值的大小可以控制音乐中节奏的疏密程度，这里我们将 BPM 值 设 为 120，其他参数保持不变，如图 7.94 所示。

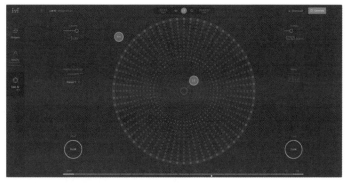

图 7.94

04 单击 Start 按钮，音频会在第一圆环循环播放，单击 End 按钮，音频会在最内侧圆环循环播放，如图7.95 所示。

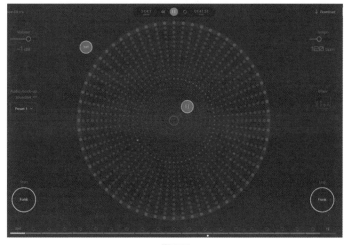

图 7.95

05 单击"圆环"中中间的圆环，会在当前圆环按由大到小的顺次播放，如图 7.96 所示。

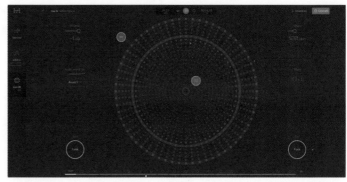

图 7.96

06 在试听音频的过程中，单击 Mixer 按钮，其中 M 代表中间，S 代表两侧，单击下方的 M 或者 S 按钮可以设置音频中的基调乐器，如图 7.97 所示。

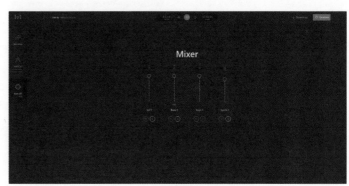

图 7.97

07 音频生成完成之后，单击右上方的 Download（下载）按钮即可完成音频的下载，下载完成之后便可在本地查看。另外，在 Streams 和 HAICU 界面可以查看用户上传的音频文件进行学习和参考。

第8章
AI 在视频中的具体应用

用剪映文字成片 AI 生成视频

剪映的文字成片 AI 功能简介

剪映是抖音官方推出的一款视频剪辑应用，拥有强大的剪辑功能。

剪映推出的文字成片功能，可以将文字内容转化为生动的视频，自动生成解说音频，同时添加背景音乐，确保视频制作质量。这项功能既方便又实用，即使没有专业视频编辑经验，也能够快速制作出具有文字成片效果的视频。

接下来我们将对剪映的文字成片功能展开介绍。

基本使用方法

01 打开剪映专业版，单击"文字成片"图标，进入如图 8.1 所示的窗口，目前文字成片功能是免费使用的。

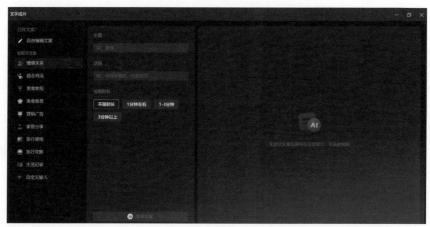

图 8.1

02 接下来编辑文案，可以使用"自由编辑文案"或者"智能写文案"两种方式。

"自由编辑文案"是指手动输入文案，"智能写文案"是指用 AI 工具生成文案，两种方式的页面如图 8.2 和图 8.3 所示。

图 8.2

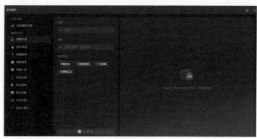

图 8.3

03 接下来笔者用"智能写文案"的方式来生成视频的文案,选择"美食推荐"菜单栏,在"美食名称""主题"文本框内输入相应的内容,设置"视频时长",如图 8.4 所示。

04 单击"生成文案"按钮,AI 自动生成了 3 种文案,如图 8.5 至图 8.7 所示。

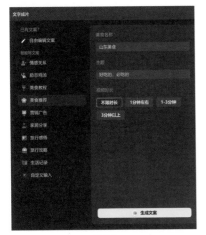

图 8.4

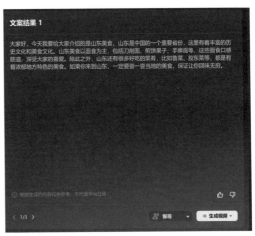

图 8.5

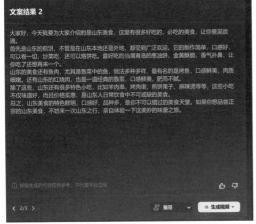

图 8.6

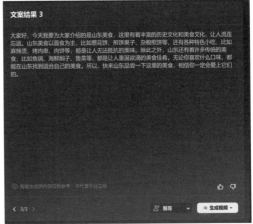

图 8.7

05 选择其中一种文案,进行编辑优化,笔者选择了第二种文案进行了优化,内容编辑后如图 8.8 所示。

06 接下来为视频选择配音,笔者选择的是"猴哥"的配音风格。

07 单击下方的"生成视频"图标,会出现"智能匹配素材""使用本地素材""智能匹配表情包"3 种成片风格,如图 8.9 所示。

> 提示:只有开通VIP才可使用"智能匹配素材"功能。

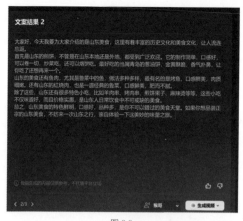

图 8.8

图 8.9

08 选择"使用本地素材"选项生成视频后是没有画面的，需要自行添加，如图8.10所示为选择"生成视频"中的"使用本地素材"后生成的效果。

> 提示：全部素材都需要自行上传，比较麻烦，失去了AI视频制作的便捷性。所以，笔者选择"智能匹配素材"生成方式进行讲解。

图 8.10

09 选择"智能匹配素材"选项，开始生成视频，视频生成后跳转到视频编辑器界面，如图8.11所示。

10 在视频编辑器里可以进行二次编辑，对视频进行进一步优化。

11 编辑好新视频后单击右上角"导出"按钮即可保存视频。

图 8.11

> 提示：二次编辑和之前我们运用剪映剪辑视频的方法一致，AI生成的视频是从云端素材库中自动选择的，会出现与文案不匹配的情况，需要自行替换素材。

用即创生成视频

即创简介

即创是抖音旗下的一站式智能创意生产与管理平台,不仅提供视频创作、图文生成、直播工具等多种服务,还兼容开放生态,致力于帮助客户释放创意生产力,与服务商合作激发创新能力,同时推动多元供给,为商业化经营提供助力。

创作者可以借助 AI 工具赋予的各种新功能一次性提升视频、图文的创作效率。值得一提的是,即创里的所有功能都是免费试用的,包括多款数字人。

接下来我们主要讲解即创中的视频创作功能。

基本使用方法

01 打 开 https://aic.oceanengine. com/ 网址,注册并登录后,进入如图 8.12 所示的页面。

图 8.12

02 单击"视频创作"中的"智能成片"按钮,进入如图 8.13 所示的页面。

图 8.13

03 接下来开始脚本创作,单击"脚本"按钮,会出现两种脚本填充方式。一是"AI 生成脚本",直接由 AI 进行创作。二是从"脚本库"中选择并填充,如图 8.14 所示。

提示：对于第一次使用即创的人，脚本库中的内容是空的，所以要选择由"AI生成脚本"。

图 8.14

04 单击"AI 生成脚本"图标，出现如图 8.15 所示的页面。

05 接下来开始输入关于脚本中的产品信息，打开"通用电商"选项卡，涵盖了多领域产品。除此之外，还有"大健康""工具软件""金融""教育"4 个细分领域。笔者想要生成关于摄影课产品的脚本，因此选择"教育"选项卡，如图 8.16 所示。

图 8.15

图 8.16

06 接下来输入产品信息，支持输入商品 ID 和抖音商品详情页 URL 链接。

商品 ID 获取方式：可以在抖店、巨量千川、巨量百应后台查询商品 ID。

抖音商品详情页 URL 链接：在移动端抖音商城复制商品详情图链接，或者在 PC 端抖店、巨量千川、巨量百应后台复制商品链接，复制链接的具体步骤如图 8.17 所示。

● 选中商品链接中红色框出的短链接部分，如下所示。

● 打开短链接进入浏览器复制其 URL 链接，如下所示。

图 8.17

07 把复制的 URL 链接粘贴到产品信息文本框中，单击右侧的"获取产品"按钮，即可获取商品，如图 8.18 所示为笔者粘贴完的链接。

产品信息 ⑦ ·

https://haohuo.jinritemai.com/ecommerce/trade/d　获取商品

图 8.18

08 输入产品信息后，系统自动生成关于产品的标签，如图 8.19 所示为系统自动生成的关于笔者上传的摄影课程的"产品卖点"和"适用人群"标签。

09 如果对系统生成的标签不满意，也可以进行修改编辑，再手动输入产品的其他标签，如图 8.20 所示为笔者编辑的其他标签内容。

图 8.19

图 8.20

10 单击"立即生成"按钮，生成的脚本如图 8.21 所示，如果对生成的脚本不满意，可以单击"再次生成"按钮，生成更多文本，可将生成的脚本保存至脚本库，方便今后使用。

11 选择一个合适的脚本，单击其下方的"选择脚本"按钮，再次进行编辑优化。笔者选择了第一个脚本进行编辑优化并保存，如图 8.22 所示。

图 8.21

No.1 摄影新手到高手_视频口播脚本_20231124102508_1

用户痛点 · 商品信息 · 适用人群 · 产品功能 · 价格优惠 · 行动号召

摄影学习，可别学错了。先来咱们这里看看，摄影新手到高手课程，高清视频教学，零基础入门。无论你是数码摄影爱好者还是想要提升摄影技巧的人，我们都可以帮助你赶紧抓住这次提升的机会吧。每天都可以学习，灵活安排时间。现在还有优惠活动呢，购买课程即可获得卡券红包，并赠送对应相机摄影课及摄影电子书。如果你一直苦于摄影学不会，那就赶紧点击视频下方链接，开启你的摄影之旅吧！

179/1000

🖺 保存至脚本库　　✎ 编辑　　　　　⚫ 选择脚本

图 8.22

12 单击下方的"确定"按钮，文案自动填充到页面左侧的脚本文本框内，也可对文案进行再次编辑，如图 8.23 所示。

13 接下来我们开始生成视频，智能成片的生成方式有"视频混剪类"和"数字人口播类"两种类型，如图 8.24 所示。

　》 "视频混剪类"必须有"文字"和"视频"两种素材。

　》 "数字人口播类"只需有"文字"素材，然后添加"数字人"。

图 8.23

图 8.24

14 单击左侧的"视频"图标，上传视频，至少要上传 3 个视频才能生成视频。一定要注意上传的视频格式，如图 8.25 所示。

图 8.25

15 视频上传成功后，单击右下方的"确定"按钮，视频被自动添加到左侧的"我的视频"中，选择所需视频，如图 8.26 所示。

图 8.26

16 接下来在右侧选择合适的配音和音乐，并根据自己的需求添加字幕。笔者添加的配音、音乐、字幕如图 8.27 所示。

17 单击右上角的"生成视频"按钮，即可生成新视频。用户还可以对生成的视频进行下载或保存到视频库。笔者最终生成了 36 秒的混剪视频，如图 8.28 所示。

图 8.27

图 8.28

18 如果想要选择"数字人口播视频"，不用上传视频素材，直接单击左侧的"数字人"图标。可以选择数字人的形象和背景。

> 在"形象"选项卡中，可以选择性别和年龄段，每个数字人都有自己的名字，如图 8.29 所示。

> 在"背景"选项卡中，可以选择自带的背景，也可以上传自定义图片或视频场景，如图 8.30 所示。

图 8.29

图 8.30

19 笔者选择了一个 20 ~30 岁名叫"宁寻"的数字人，自定义上传了背景图，一定要注意图片的格式，否则将会导致上传失败，笔者上传的背景图如图 8.31 所示。

图 8.31

20 设置完数字人的形象和背景后，可对数字人进行位置及大小的调整，调整完成后可进行预览，视频画面如图 8.32 所示。

21 同样，根据自己的需求可以单击左侧的按钮添加配音、音乐、字幕，笔者添加的配音、音乐、字幕如图 8.33 所示。

22 单击右上方的"生成视频"按钮，即可生成新视频，笔者生成的视频效果如图 8.34 所示。生成视频后，同样可以下载或将其保存到视频库。

图 8.32

图 8.33

图 8.34

用一帧秒创生成视频

一帧秒创简介

一帧秒创是由新壹（北京）科技有限公司专门打造的 AI 智能创作平台，为创作者和机构提供便捷的 AI 生成服务。通过对文案、素材、AI 语音、字幕等进行智能分析，一帧秒创能够快速生成视觉效果出色的视频作品，实现零门槛创作。

基本使用方法

01 打开 https://aigc.yizhentv.com/ 网址，注册并登录后，进入如图 8.35 所示页面。

> 提示：新用户登录后有免费使用次数，AI视频免费生成15分钟，AI帮写每日3次，文字转语音免费体验300字，智能横转竖免费使用5次。付费会员有两种，既高级版会员和专业版会员。高级版会员每个月付费98元，专业版会员每个月付费298元。

图 8.35

02 单击首页中的"图文转视频"按钮，再单击"去创作"按钮，进入如图 8.36 所示的页面。

03 接下来导入视频，导入方式有"文案输入""文章链接输入""Word 导入"3 种，在这里我们选择"文案输入"进行演示。

输入想要转化成视频的文字。如果对输入的文案不满意，可以单击文本框左下方的"AI帮写"按钮优化文案。笔者输入的文案如图 8.37 所示。

图 8.36

图 8.37

04 设置"匹配范围"和"视频比例"，单击"下一步"按钮，进入如图 8.38 所示的页面，可再次编辑文案。

图 8.38

05 编辑完文案后，单击"下一步"按钮，进入如图 8.39 所示的页面。

图 8.39

06 接下来对视频进行优化。AI 生成的视频都来源于网络素材，会出现和内容不匹配的情况。这个时候需要人工干预，自行替换成相匹配的素材，单击左侧的"场景"按钮，替换场景，如图 8.40 所示。

图 8.40

07 单击左侧的"数字人"按钮，选择合适的数字人。目前，一帧秒创提供了 73 种数字人形象，但是一般用户是无法使用的，必须开通会员或者购买才可使用，用户也可以付费定制机器人。部分数字人形象如图 8.41 所示。

08 单击左侧的"音乐"按钮，在音乐库中为视频选择适合的背景音乐，音乐具体风格如图 8.42 所示。

图 8.41

图 8.42

09 单击左侧的"配音"按钮，为视频选择合适的配音风格。配音库中的配音风格如图 8.43 所示。

10 单击左侧的 LOGO 按钮，给视频加水印。接下来选择字体，输入文字，设置字号，调整不透明度和位置，如图 8.44 所示。

图 8.43

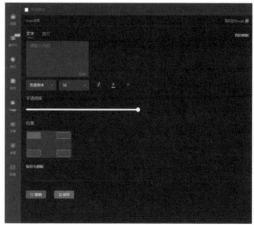

图 8.44

⑪ 单击左侧的"字幕"按钮，选择合适的字幕效果，对视频中的字幕进行调整，如图 8.45 所示。

⑫ 单击左侧的"背景"按钮，对视频进行背景填充，背景风格如图 8.46 所示。

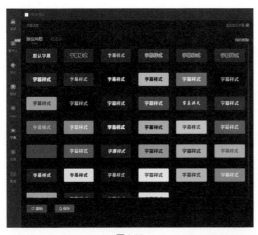

图 8.45

图 8.46

⑬ 单击左侧的"配置"按钮，在"配置"界面中选择是否打开 AI 合成标记，打开后视频画面右侧会出现"本视频部分画面由秒创 AI 生成"的字样，如图 8.47 所示。

图 8.47

⑭ 视频优化完成后，单击右上角的"生成视频"按钮，进入如图 8.48 所示的界面。

图 8.48

⑮ 设置好视频的标题、描述、封面，单击"确定"按钮，即可生成视频。之后可在"我的作品"中查看视频合成情况，如图8.49所示。

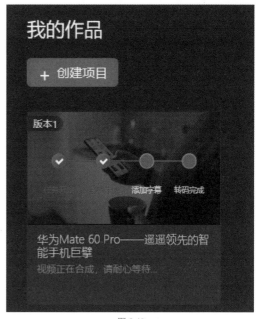

图 8.49

用 Runway 生成视频

Runway 简介

Runway 是目前文字生成视频、图片生成视频方向的人工智能领航者，支持通过文字提示生成视频，以及利用图片生成视频。

基本使用方法

打开 https://runwayml.com/ 网址，登录账号并完成注册，新用户注册完成登录后赠送 525 积分，1 秒视频消耗 5 积分，其主界面布局如图 8.50 所示。

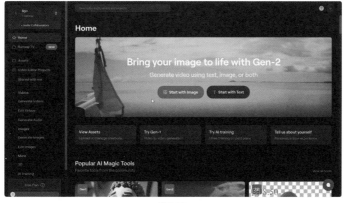

图 8.50

文本生成功能

01 Home 界面的两个选项分别对应"图片生成视频"及"文本生成视频"单击 Start with Text 按钮，如图 8.51 所示。

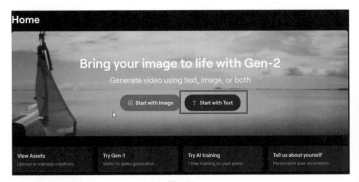

图 8.51

02 进入主要功能区，先简单了解功能区各项功能及参数。上方选项分别对应"文本生成""图片生成""图片＋描述生成"3 项主要功能，其下方为文本输入区，最下方为功能调节选项，AI 调整生成视频质量、视觉效果调整、动态笔刷以及风格添加，如图 8.52 所示。

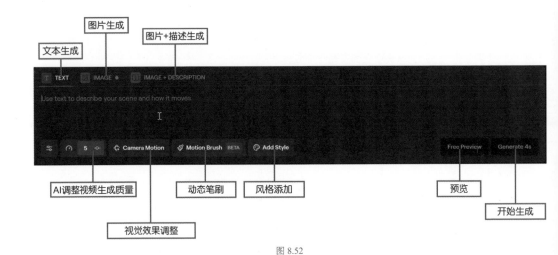

图 8.52

03 在文本框内输入描述词生成视频，可借助翻译软件将提示词翻译为英文。这里笔者输入了一个关于古代田园人居的描述，如图 8.53 所示。

图 8.53

04 从生成的视频中可以看到，视频提取到了"古代""人""树"等关键词，但在 4 秒的展现中只出现了简单的走动效果，如图 8.54 所示。

图 8.54

图片生成功能

01 接下来我们尝试图片生成功能，可以导入自己准备的图片，也可以在 Midjourney 等 AI 图片生成网站上根据提示词生成所需图片，如图 8.55 所示。

图 8.55

02 单击 IMAGE 选项，将参考图片上传，单击"生成"按钮，如图 8.56 所示。

图 8.56

03 经过系统 AI 渲染，人物之间产生了动作互动，背景树叶出现飘动效果，AI 加重了原本在图片中出现的漫画效果，这就是 AI 图片生成视频的初版效果，如图 8.57 所示。

图 8.57

04 之后笔者进行强度调试，将强度提升至 8，所得的视频动态效果更加丰富，但人脸部分仍会变化，如图 8.58 所示。

图 8.58

05 笔者在第一轮尝试的过程中推测，图片生成视频的效果可能是因为 AI 生成视频对写实结合漫画风格图片演练不足导致的，这里笔者重新导入一张由 Midjourney 生成的"国风"类型风格图片进行测试。将此图片导入 IMAGE 选项中，其他强度保持默认不变,生成的效果如图 8.59 所示。

图 8.59

06 在图片风格统一的情况下，画面生成效果更加稳定，飞鸟羽毛位置有了轻微的动画效果。将强度调整为8再次生成，为翅膀增添了"飞翔"的视觉效果，且阴影部分细节更加丰富，如图8.60所示。

图 8.60

图文生图

01 选择没有面部特征的图片进行尝试，这里笔者将一幅描绘"情侣并肩前行"的图片导入IMAGE+DESCRIPTION中，输入提示词"缓慢前行并靠在一起"保持默认强度及其他参数，单击"生成"按钮，如图8.61所示。

图 8.61

02 在此强度下，画中人物缓慢牵手前行，基本符合描述，但画面仍然存在瑕疵，人物腿部位置还是出现了变形的情况。将强度调整为8，再次生成，画面光影细节更加丰富，水面出现雾气效果，画面整体细节增强，如图8.62所示。

图 8.62

动态笔刷

"动态笔刷"功能可以实现画面中局部区域完成运动的过程，通过使用笔刷覆盖物体，调整其运动方向便可使画面中的物体朝指定方向移动。

01 在工作区单击 Motion Brush 功能，上传素材图片，使用笔刷工具将车辆覆盖，如图 8.63 所示。

图 8.63

02 单击下方的三维运动效果修改，在 / 轴移动上选择向下运动的视觉效果，单击 Save 按钮，如图 8.64 所示。

图 8.64

03 生成之后查看效果，画面视觉中心车辆向下运动直至移出画面，但在最终生成的视频中后方车辆也跟随视觉车辆前进运动，如图 8.65 所示。

图 8.65

04 单击IMAGE-DESCRIPTION 添加描述，通过提示词控制只有一辆车完成运动，视频效果如图 8.66 所示。

图 8.66

05 之后笔者更换图片素材再次按照前几步进行操作，用动态笔刷绘制汽车前行的动态效果，汽车匀速向前运动，并且没有产生任何变形，如图 8.67 所示。

图 8.67

通过使用当前版本 Runway 免费版各项功能，可以看出其在画面元素较为简单的素材转换方面较为强大，一些运动效果可以轻松完成，但呈现质量需要多次调整，文字描述功能在 Runway 中所占权重影响不大，视频中依然由 AI 主导画面的生成，并且随着强度的增大，AI 所占主导比重也会增大。

在使用的过程中，要保证素材文件画面元素与文字描述一致，并通过动态笔刷与视觉控制进行多次调整，最终达到满意的效果。

用 PiKa 生成视频

PiKa 简介

　　PiKa 与 Runway 主要功能相仿，同样位于 AI 视频工具第一梯队。最新推出的 AI 模型不仅支持生成多种风格的视频，如 3D 动画、动漫、卡通和电影，而且还有着更加强大的新功能和简便的操作。

PiKa 的基本使用方法

01 打 开 https://pika.art/waitlist
网址，激活账号申请使用，
或者加入 Discord 频道关注 PiKa 使用。在 Discord
界面发送命令，输入 "/"
选择生成方式，如图 8.68
所示。

图 8.68

02 选择第一种生成方式 No
Description provided， 不添加描述使用图片生成视频，上传图片，将命令发送给 PiKa BOT，如图 8.69
所示。

图 8.69

03 片刻后 BOT 会反馈视频文件，单击视频便可以进行查看，目前 PiKa 支持生成 3 秒视频，在 AI 生成的视频中，画中人物增加了手部动作，如图 8.70 所示。

图 8.70

04 单击下方的 ⟳ 按钮可以重新生成，单击 ⚄ 按钮描述图片效果，在描述框内输入 The wind blows the roses，如图 8.71 所示。

图 8.71

05 生成视频之后查看效果，画面中的人物相对静止，玫瑰出现晃动，如图 8.72 所示。

图 8.72

06 输入"/"选择第二项功能
"文字描述生成视频"，
输入提示词 bird 发送指令，
生成的视频如图8.73所示。

图 8.73

07 修改描述词为 flying bird，
重新生成视频，生成之后
的画面变为了两只在海上
飞翔的鸟，如图8.74所示。

图 8.74

08 为了对比两款同类型 AI
视频工具的功能，将在
Runway 中使用的飞鸟素
材进行文字描述，生成的
效果如图 8.75 所示。

图 8.75

PiKa 的高级参数

"-gs XX"：Guidance scale 数值越高，生成的视频跟提示词的相关性就越大，用来控制提示词的权重，建议的取值范围为 8~24。

"-neg XX"：Negative 是反向提示词的意思，跟在该参数后面的词语描述的内容不会在生成的视频中出现。

"-ar 16:9"：用于确良视频比例，如果输入的是 16∶9 那就会生成 16∶9 的视频。

"-seed XXX"：Seed 既种子，使用相同的种子数会保证视频生成的连续性和相关性，视频的种子数可以在下载的视频文件名中获取。

"-motion 1"：表示生成视频的动作幅度，数值越大，生成的视频动作幅度越大，目前只支持0、1、2、3、4 这几个数字。

"-fps 24"：用于控制生成视频的帧率，确保多个视频的帧率是一致的，目前支持8~24的整数。

-camera：表示相机运动控制，zoom 代表缩放变焦，pan 代表移动，rotate 代表旋转，zoom、pan、rotate 每次只能使用一个。

-camera zoom in 画面放大，-camera zoom out 画面缩小；

-camera pan up 向上平移，-camera pan up left 向左上平移，-camera pan up right 向右上平移，-camera pan down 向下平移，-camera pan down left 向左下平移，-camera pan down left 向右下平移，-camera pan left 向左平移，-camera pan right 向右平移；

-camera rotate 画面旋转，-camera rotate clockwise / -camera rotate cw 顺时针旋转，-camera rotate counterclockwise / -camera rotate cc 逆时针旋转。

PiKa 参数使用介绍

01 选择之前生成的视频对其参数进行修改，单击修改按钮，在提示词文本框内输入 flying bird -gs 15 -ar 9:16，生成的视频效果如图 8.76 所示。

02 该视频中鸟儿动作舒展，但后边建筑却发生了变形，再次单击修改按钮，在之前的提示词后增加 -neg building，重新生成，效果如图 8.77 所示。

图 8.76

图 8.77

03 在提示词中添加-camera进行尝试，输入flying bird-gs 23 -ar 9:16 -neg building -seed 18369526487133663980 -camera zoom in，进提交命令后，画面最后出现放大效果，如图8.78所示。

图 8.78

04 其他参数保持不变，仅修改相机运动参数，单击"修改"按钮，将提示词中的 -camera zoom in 改为 -camera pan up left（向左上平移），画面出现轻微从右下向左上移动的效果，如图 8.79 所示。

图 8.79

05 通过搭配 motion 参数，可以使动画实现相机运动效果，在提示词后边输入 -motion 3，画面整体镜头移动效果增强，如图 8.80 所示。

图 8.80

　　需要注意的是：运动效果的数值越高，画面最终呈现的可控性越低，建议在使用的过程中进行多次生成尝试，不断修改以求得到完美的画面。

06 最后进行"旋转"参数测试，因为服务器使用人数较多，图片生成速度较慢，所以在使用 Discord 发送命令的时候，可以多次发送命令进行多次尝试，如图 8.81 所示。

图 8.81

07 画面生成之后查看效果，可以看到画面中小鸟头部有一个明显的旋转效果，但画面过渡不太自然，经过多次尝试，可以看出相机运动参数在一定程度上会对画面主体造成影响，如图 8.82 和图 8.83 分别为画面第一秒与第二秒的效果。

图 8.82

图 8.83

　　由于还在发展测试阶段，所以无论是通过图片生成视频，还是通过描述词生成视频，最终视频呈现效果肯定会有一定的差异，描述词与视频内容的出入也可能较大。所以在使用的过程中要多次尝试来得到更多选择的可能性，并通过参数调整尽可能地使视频效果贴近预期。

第 9 章
AI 在数字人领域的
具体应用

用剪映数字人进行创作

剪映数字人简介

剪映内置了多种数字人物形象，这些数字人的形象是固定的，用户可根据个人需求进行选择。剪映数字人功能主要包括使用数字人进行产品或知识的讲解、用数字人进行歌曲或舞蹈的表演和用数字人进行游戏直播。除此之外，还可以根据自身需求发挥数字人功能的多样潜力。

基本使用方法

01 打开剪映专业版App，添加相关视频、文字等素材，全选所有字幕，在文字效果功能编辑区中单击"数字人"选项，数字人形象如图9.1所示。

目前，剪映主要提供了15个数字人，每一个数字人对应一个名字和风格，这些数字人都是可以免费使用的。

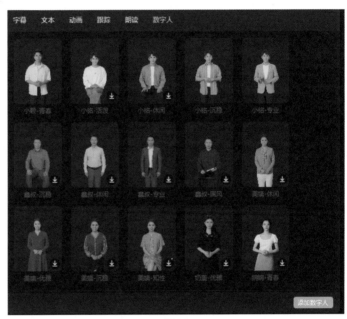

图 9.1

02 选择数字人后，单击右下角的"添加数字人"按钮。笔者选择了"小铭—专业"数字人，数字人渲染完成后，视频画面如图9.2所示。

图 9.2

03 单击数字人视频轨道，进入数字人功能编辑区，对数字人进行具体设置，如图9.3所示。

04 除了选择数字人的形象，还可以设置数字人的景别。单击"数字人形象"选项，选择"景别"选项卡，有"远景""中景""近景""特写"4种景别可供选择，如图9.4所示。

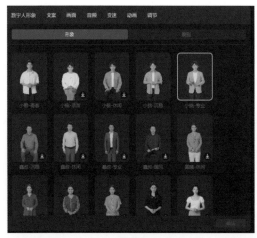

图9.3　　　　　　　　　　　　　　　　　　图9.4

05 单击"文案"选项，对数字人所说的文字进行编辑修改，文字修改完成后单击右下角的"确认"按钮，会重新生成数字人音频，也会重新渲染数字人，笔者编辑后的文案如图9.5所示。

提示："智能转比例"功能只有VIP才可使用。

06 单击"画面"选项，调整数字人的"位置大小""混合"参数并进行"智能转比例"设置。笔者的具体设置如图9.6所示。

图9.5

图9.6

07 单击"音频"选项，对数字人的声音进行基本设置，可以调整其音量大小，设置淡入及淡出时长，进行音频降噪，笔者的具体设置如图 9.7 所示。

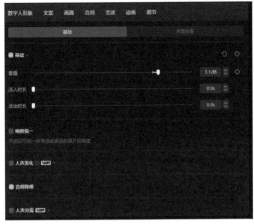

> 提示：目前剪映是无法将"响度统一""人声美化""人声分离"这些功能应用到数字人中的。

图 9.7

08 单击菜单中的"变速"选项，对数字人的声音进行"常规变速"或者"曲线变速"，如图 9.8 和图 9.9 所示。

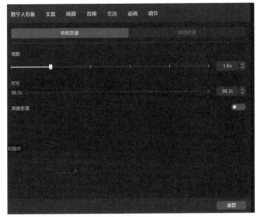

图 9.8

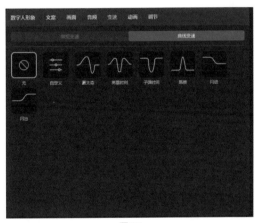

图 9.9

09 单击"动画"选项，设置数字人的"入场""出场""组合"等，并设置动画时长，如图 9.10 所示。

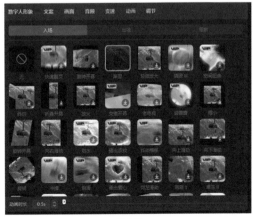

图 9.10

10 单击"调节"选项，对数字人进行基础、HSL 曲线、色轮的调节，如图 9.11 所示。设置完成后，单击右下侧的"应用全部"按钮，即可将参数全部应用到数字人上。

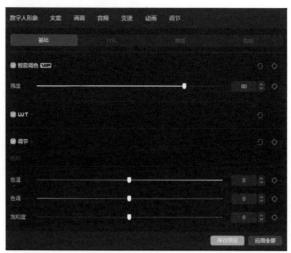

图 9.11

11 完成所有的设置后，视频工程画面如图 9.12 所示。

图 9.12

12 在视频原声轨道中单击"关闭原声"按钮，在对整个视频进行编辑优化后，单击"导出"按钮即可保存视频。

用腾讯智影数字人进行创作

智影数字人简介

之前在 AI 短视频工具篇已经提到过腾讯智影，腾讯智影主要专注于提供"人""声""影"3 个方面的功能。其中，腾讯智影的核心功能是"智影数字人"，它为用户带来了独特的体验。现在，我们就来介绍腾讯智影中的核心功能"智影数字人"。

智影数字人提供了多种风格，此外还可以进行形象克隆，只需上传一些个人图片和视频素材，就能拥有一个与真人形象惊人相似的数字分身，使用起来十分方便。

注意，定制数字人的"形象与音色"是需要付费的。"数字分身定制"每年 7999 元；"照片变脸数字人"每年 3999 元；"声音复刻"每年 4999 元。目前，数字人主要在腾讯智影的"文章转视频""数字人播报""数字人直播""视频剪辑"4 个小工具中出现。

基本使用方法

文章转视频中的数字人

腾讯智影中"文章转视频"中的数字人是固定默认的，用户只能根据已有的数字人形象进行挑选。接下来我们将对腾讯智影数字人的功能展开介绍。

01 打开 https://zenvideo.qq.com/ 网址，单击"文章转视频"按钮，跳转到操作页面后，用 AI 生成文本或输入自定义文本，如图 9.13 所示。

图 9.13

02 单击"点击设置数字人播报"按钮，会出现选择数字人形象的页面。目前，此工具下的数字人有"2D形象"和"3D形象"两大类，如图9.14和图9.15所示。

　　"2D形象"的"数字人"一共有51种，其中有14种是免费使用的，其他的大部分是会员专享。"3D形象"的数字人只有一种，可以免费使用。

图9.14

图9.15

03 接下来在右侧对"成片类型""视频比例""背景音乐""朗读音色"进行设置。

04 单击右下方的"生成视频"按钮即可生成视频。生成的视频效果如图9.16所示，我们可以在视频剪辑工具中进行再次编辑。

图9.16

视频剪辑里的数字人

腾讯智影中"视频剪辑"的数字人形象有默认的，也可以自定义。本节只针对"数字人"使用功能展开介绍，其他功能简单带过。

01 单击"视频剪辑"按钮，跳转到操作页面，如图9.17所示。

图9.17

02 选择要编辑的素材进行上传，笔者要编辑的示例素材如图9.18所示。

图9.18

03 单击左侧的"数字人库"，在显示的界面中有"2D数字人"和"3D数字人"两大类。在"2D数字人"中可以选择定制数字人，但需要付费才可定制，数字人形象如图9.19和图9.20所示。

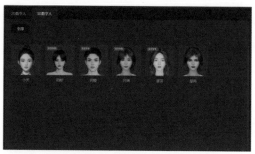

图 9.19

图 9.20

04 选中合适的数字人后，在右侧的视频显示器中会看到数字人的静态预览效果，如图 9.21 所示。

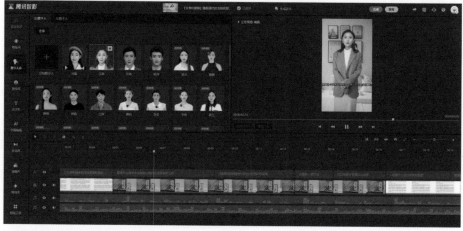

图 9.21

05 单击所选数字人右上方的"+"号，将数字人拖入下方添加到轨道中，会出现如图 9.22 所示的编辑区。

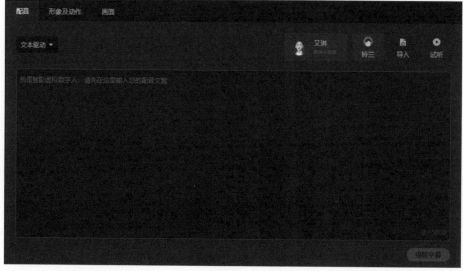

图 9.22

06 单击"配音"选项，在文本框中输入相关的配音文案，单击"保存并生成音频"按钮，笔者输入的配音文案如图9.23所示。

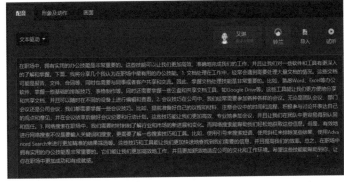

图9.23

07 单击"形象及动作"选项，进入如图9.24所示的页面。

图9.24

> 提示：这一功能还未优化，还不能对数字人进行衣服及姿态等的更改。

08 单击"画面"选项，对画面进行"基础"及"展示方式"的调整，如图9.25和图9.26所示。

在"基础"选项卡中主要调整数字人的位置、大小、不透明度、亮度等；在"展示方式"选项卡中主要调节数字人的展示形状和背景。

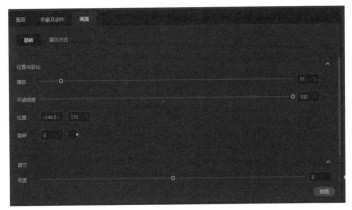

图9.25

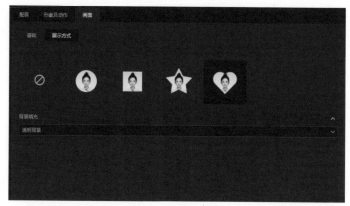

图9.26

09 数字人的配音及画面设置
完成后，单击右上方的"合
成"按钮，开始生成新视频，
合成的画面如图9.27所示。

图9.27

数字人播报

腾讯智影中的"数字人播
报"功能，主要是利用数字人
把PPT中的内容以视频的形
式讲述出来，有固定的数字
人形象也可以自定义的方式
上传。

01 单击"数字人播报"按钮，
进入如图9.28所示的页面。

图9.28

02 单击"PPT模式"按钮，上传PPT，笔者上传的PPT如图9.29所示。

图9.29

03 单击左侧菜单"数字人"按钮，会看到有"预置形象""照片播报"两大板块，如图9.30所示。"预置形象"是软件自带的，用户只能被动挑选。"照片播报"的形象可以自定义的方式上传。

04 "预置形象"分为"2D数字人"和"3D数字人"，这里的数字人和"视频剪辑"中的数字人形象是一致的，有59种2D形象数字人，6种3D形象数字人，如图9.31和图9.32所示。

图9.30

图9.31

图9.32

05 单击"照片播报"按钮，有"照片主播"和"AI绘制主播"两种选择。选择"照片主播"选项卡，用户可以选择"热门主播推荐"中的主播，也可以选择从本地上传照片，如图9.33所示。

06 单击"AI绘制主播"选项卡，在文本框内输入想要的主播形象，如图9.34所示，然后单击"立即生成"按钮，即可生成图像，笔者输入"长头发小女孩"文本后生成的图像如图9.35所示。

图9.33

图9.34

图9.35

07 选择完数字人后，可以预览画面效果（预览的只是静态图，动态效果只能在合成视频后才可查看），根据预览的效果调整数字人的位置、大小和服装类型。笔者选择"2D形象"下名叫"卓妤"数字人后的画面预览如图9.36所示。

图9.36

08 根据自己的需求添加"背景""贴纸""音乐""文字",单击右上角的"合成视频"按钮,合成效果如图9.37所示。

图9.37

数字人直播

数字人直播是腾讯智影自主研发的数字人互动直播技术。用户能够自动循环或随机播放预设节目,并通过开播平台捕获观众的评论,以建立问答库进行回复。

在直播过程中,观众可以通过文本或音频接管功能与主播进行实时互动。通过窗口捕获推流工具,数字人直播间能够在任意直播平台开播,目前已经支持抖音、视频号、快手、淘宝和1688等平台的弹幕评论抓取和回复功能。

> 提示:此项功能只能付费使用,收费标准如图9.38所示。

图9.38

01 单击"数字人直播",在打开的界面中有多款数字人直播模板可供选择,如图9.39所示。

图9.39

02 单击"新建项目"按钮,创建数字人直播。其功能主要是在数字人视频的基础上,增强互动。具体功能包括:数字人直播节目24小时循环播放、随机播放;抖音、视频号、淘宝、快手、1688等自动回复评论预设问题;直播过程低延迟文本,实时和直播间的观众进行沟通。

用来画数字人进行创作

来画简介

来画是深圳市前海手绘科技文化有限公司运用 AI 打造的一个动画和数字人智能生成平台，该平台集成了 AIGC 数字营销云、智能生成动画和 Chat 智能助手三大核心能力，旨在降低内容创作门槛和成本。

来画主要提供了 AI 数字人合成与直播、AI 视频生成、AI 设计等功能，接下来我们将针对数字人相关的功能板块展开介绍。

基本操作方法

打开 https://www.laihua.com/ 网址，注册并登录后，进入如图9.40所示的页面。"工作台"中的"数字人直播"，以及"产品"中的"AI 数字人视频"这两大功能板块都是借助数字人使用的工具。接下来分别对这两大功能板块展开介绍。

图 9.40

数字人直播

01 单击"工作台"中的"数字人直播"按钮，进入如图9.41所示的页面，主要是通过4个步骤来完成数字人动画直播的。

> 提示：要使用此项功能，必须添加来画工作人员微信，进行定制付费服务。

图 9.41

02 选择"24 小时自动直播"
选项，单击"添加虚拟直
播间"按钮，选择尺寸，
开启数字人直播，如图 9.42
所示。

图 9.42

03 选择一个数字人主播，对
背景、插图、音乐、标题
进行搭配装饰，以完成装
修直播间的操作，操作支
持上传本地素材，如图 9.43
所示。

图 9.43

04 接下来在文本框内编辑互
动台词及脚本内容，再根
据个人需求从百种配音风
格中选择合适的配音，最
后选择互动话术，如图 9.44
所示。

图 9.44

05 下面合成直播资源，开启直播操作。单击"合成直播资源"按钮，生成直播间，再下载云渲染客户端，打开直播推流软件，即可开启数字人直播，如图9.45所示。

图 9.45

AI 数字人视频

来画中的"AI 数字人视频"可以将数字人与图片、PPT 或者视频结合起来，生成一段生动的视频。具体操作步骤如下。

01 单击上方的"产品"菜单，选中"AI 数字人视频"，单击"立即体验"按钮，进入如图9.46所示的页面。

图 9.46

> 提示：只能进行体验操作，导出是需要付费的，数字人Pro版，59元每个月，按年付；数字人Pro+版，每月114元，按年付。

02 单击左侧的"上传"图标，添加要制作的素材。

03 素材添加完成后，选中上传的PPT页面，单击下方的"插入视频"按钮，如图9.47所示为笔者添加的PPT素材。

图 9.47

04 设置页面布局，具体页面布局选择如图 9.48 所示。

图 9.48

05 添加页面布局后显示的画面如图 9.49 所示。

图 9.49

06 单击左侧的"场景"按钮，新建场景，设置 PPT 每页转场的动画，如图 9.50 所示。

07 单击左侧的"主播"按钮，选择合适的数字人形象，如图 9.51 所示。

数字人包括"超写实数字人""照片数字人""动画数字人"三大类。其中，"超写实数字人"种类多样化，有200 余种数字人形象，大多数只有会员才能使用；"照片数字人"能够上传照片进行自定义；"动画数字人"有 50 余种默认形象，绝大多数是会员专享的。

图 9.50

图 9.51

08 选择合适的数字人后，调整其位置、大小及样式，笔者选择了"超写实数字人"中的"昭仁—T恤"数字人主播，画面显示如图9.52所示。

图 9.52

09 添加相关播报内容及配音风格，单击下方的"保存并生成音频"按钮，笔者输入的播报内容和音乐风格如图9.53所示。

10 单击左侧的"背景"按钮，选择合适的背景，如图9.54所示。

11 更换完背景后的画面预览效果如图9.55所示。

12 根据个人需求添加合适的"文字""素材""音乐"，完成后单击右上角的"导出"按钮，即可生成新视频。

图 9.54

> 提示：此功能需要开通会员或者购买导出时长才可使用。

图 9.55

图 9.53

用 HeyGen 数字人进行创作

HeyGen 简介

HeyGen 作为 AI 技术类头部公司，依靠旗下"数字人语音"功能响彻全球。随着产品不断升级，如今 HeyGen 已经支持数字人定制、语言转化、声音克隆等多项功能。

基本功能介绍

打开 https://app.heygen.com/home 网址，完成注册并登录账号，登录成功之后进入网站主界面，如图 9.56 所示。

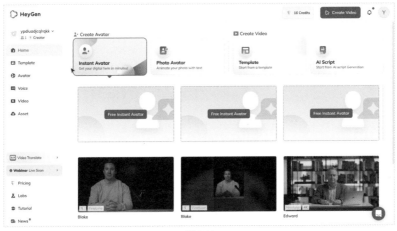

图 9.56

数字人功能

模板数字人功能

01 数字人功能是 HeyGen 的经典功能，在主页中选择 Instant Avatar 选项，用鼠标向下滑便可以使用下方的模板数字人；选择 Photo Avatar 选项，便可以使用其中的虚拟形象模板人，如图 9.57 和图 9.58 所示。

图 9.57

图 9.58

02 选择合适的数字人形象，
在其设置选项中单击 Edit
Avatar 按钮，添加数字人
进行编辑，如图 9.59 所示。

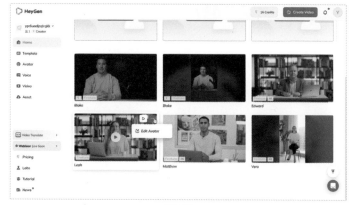

图 9.59

03 进入数字人形象编辑界
面，可以对画面中人物的
景别、背景、衣服、面部
特点、声音音色进行修改，
如图 9.60 所示。

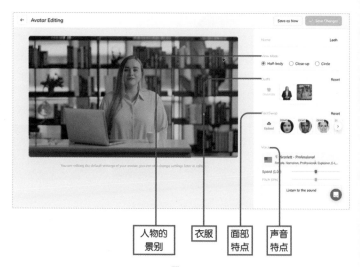

人物的
景别   衣服   面部
特点   声音
特点

图 9.60

04 选择 Voice 选项，选择中
文配音，根据需要选择合
适的场景人物进行搭配，
单击右上方的 Save as New
按钮进行保存，如图 9.61
所示。

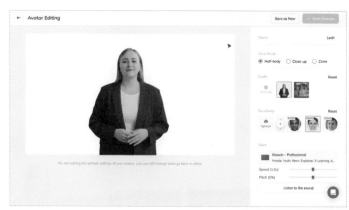

图 9.61

05 在主页中，可以查看保存的数字人形象，单击对应数字人的"播放"按钮，进入创作界面，单击Creative Video按钮并进行画幅选择，如图9.62所示。

图 9.62

06 将文本内容填入文本框内，单击下方的"播放"按钮进行试听，视频总时长会显示在试听时间轴上，如图9.63所示。

图 9.63

07 单击右上角的Submit按钮，即可完成播报视频，每30秒花费0.5积分，导出完成之后，便可以在Video选项卡中查看进度，并在完成之后进行本地下载，如图9.64所示。

图 9.64

图片生成数字人

在了解"数字人"的使用方法之后，便可以尝试利用已有图片完成"定制数字人"的创建。

01 选择主页中的 Photo Avatar 选项，单击 Upload 按钮，选择图片进行上传，如图 9.65 所示。

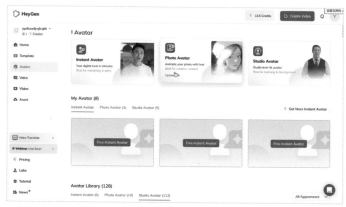

图 9.65

02 与之前"模板数字人"中的操作步骤略微不同，上传图片之后只需选择"画幅""语言"便可，选择完成之后单击 Save as New 按钮，如图 9.66 所示。

图 9.66

03 在 Avatar 中，查看保存的数字人形象，在 Photo Avatar 中找到创建的数字人形象，单击"播放"按钮，进入创作界面，单击 Creative Video 并进行画幅选择，如图 9.67 所示。

图 9.67

04 再次进入相同的界面，除了数字人形象不同之外，其他别无二致。按照同样的步骤进行语音朗读、试听、语速编辑、导出操作，最终生成效果如图 9.68 所示。

图 9.68

视频生成

2023 年 12 月 5 日推出 Instant Avatar（Avatar 2.0）后，只需 5 分钟，即可使用手机创造一个自己的虚拟分身，Avatar 2.0 通过其内置的翻译工具，可以创建多语言内容；支持口型同步和多语言声音匹配。

01 单击 Instant Avatar 按钮，单击免费虚拟分身，如图 9.69 所示。

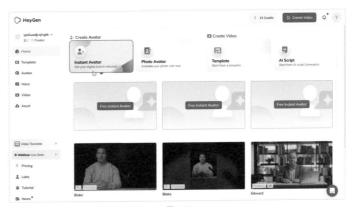

图 9.69

02 在"上传"界面，需要上传一段 360P 以上清晰度的视频，时长至少两分钟，确保画面清晰，全选下方的选项，单击下方的 My Footage Looks Good 按钮，如图 9.70 所示。

图 9.70

03 为保护个人隐私，防止被非法盗用，在视频上传完成之后需要进行人脸验证，以证明是本人操作使用，通过此方式验证才可进行后续操作，如图9.71所示。

图 9.71

04 生成视频约2~5分钟，生成完成后在Avatar主页中，查看保存的数字人形象，单击进行创作，进入数字人设置界面，语音为自己的克隆声音，如图9.72所示。

05 使用同样的生成方式将文本框内的"中文"转变为"英文"再次进行尝试。

最终所得效果甚至强于"中文"输出效果，以同样的方式进行"法语""日语"输出，所得效果皆令人满意。

图 9.72

视频翻译功能

使用视频翻译功能可以一键无缝翻译上传的视频，利用上传视频中的声音可以生成不同语种、文本内容的新视频。

01 在主页选择Video Translate选项进入视频翻译界面，选择目标语言选项，目前支持翻译为"英语""中文""保加利亚""克罗地亚"在内的6种语言，如图9.73所示。

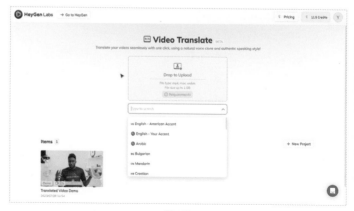

图 9.73

02 单击上传按钮，上传视频
文件，需要注意的是，视
频文件时长要在 30 秒到 5
分钟之间，选择英语口音
单击翻译按钮，如图 9.74
所示。

图 9.74

03 本视频素材为声音克隆中
的"法语＋中文合集"，
任务完成之后打开项目文
件进行试听，无论是前半
部分的法语阶段，还是后
半部分的中文阶段，在语
速语调方面均保持一致，
单击 Download 按钮便可
进行下载保存，如图 9.75
所示。

图 9.75

HeyGen 应用前景

　　作为成熟且配套的数字
人功能应用，HeyGen 已经可
以成熟地应用于包括电商、宣
传、短视频等诸多领域。下面
为大家详细介绍如何制作完善
的数字人视频。

01 这里仍然以介绍类为例，
单击模板数字人进行创作，
单击数字人，在上方的工
具栏中调整数字人的位置，
如图 9.76 所示。

图 9.76

02 调整完"数字人"的位置之后，可以在画面中添加"贴纸"，单击其中的"屏幕"贴纸，将其添加到画面中，如图9.77所示。

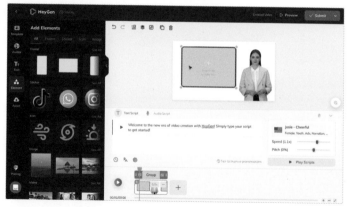

图 9.77

03 左侧工具栏中的工具从上到下分别对应"项目""数字人""文本工具""贴纸""上传"。上传之前制作的视频，并将其拖入画面中，如图9.78所示。

图 9.78

04 继续添加"文字""贴纸"并通过单击画面中"贴纸"或"文字"图标改变其层级关系，避免出现遮挡现象，如图9.79所示。

图 9.79

05 调整完成之后，在文本框内输入所需文字并调整"语速"和"语调"，时间轴内的贴纸文字会自动与视频时长对齐，如图 9.80 所示。

06 如果在创作视频时没有合适的脚本故事，在主页界面中单击 AI Scrioe 选项进行 AI 脚本创作，在 Tpoic 文本框中输入主题 love，选择输出语言为中文，在 Tone 文本框中输入情绪描述 sad，并在下方的添加描述文本框中给出简短的提示词，准备完成之后单击下方的生成按钮，脚本效果如图 9.81 所示。

图 9.80

图 9.81

07 AI 根据给定提示词生成脚本，用户可以预览，单击左下方的 Re-Generate 按钮可以重新生成脚本，单击右下方的 Creative Video 按钮可以进入数字人视频创建区，并且根据文本自动生成语音，如图 9.82 所示。

08 根据需要对视频内容进行添加、修改和导出，加载完毕之后便可下载。

图 9.82

HeyGen 的商业应用前景广大，是因为除了数字人功能，HeyGen 还内置了设计类的 Canva 软件、对话类的 CHTGPT Plugin、视频解析功能 URL to Video，以及智能图片类的 Text to Image，单击 Labs 按钮便可查看相关功能，如图 9.83 所示。

图 9.83

第10章
AI 在电商领域的
具体应用

用 PhotoMagic 给商品换模特及背景

PhotoMagic 简介

PhotoMagic 是一款由极睿科技开发的电商商品场景图快速生成工具。

利用 AI 技术，PhotoMagic 能够完成虚拟拍摄、模特换脸、换场景和高清精修美化等电商常见任务，大大提高了电商商品图片的设计与制作效率，降低商品图片拍摄成本。

基本使用方法

下面以给衣服类商品换模特和背景为例，讲解 PhotoMagic 的基本使用方法。

01 打 开 https://www.photomagic.cn/ 网址，注册并登录后进入如图 10.1 所示的页面。

图 10.1

02 单击页面"进入工作台"按钮或"开始使用"按钮，进入如图 10.2 所示的页面。

图 10.2

03 接下来单击左侧的"人台图""真人图""鞋靴图""箱包图"来新建任务。

04 要想快速切换专属模特和场景，单击"真人图"按钮，进入如图 10.3 所示的页面。

图 10.3

05 单击"新建任务"按钮，此时出现"任务—数字"标志，表示正在进行图片任务处理，笔者进行的"任务—5444"标志如图 10.4 所示。

06 在"上传资产"选项区域单击"单击上传"按钮，上传需要制作的真人图，如图 10.5 所示为上传的示例原图。

图 10.4

图 10.5

07 单击"上传资产"选项区域的"编辑选取"按钮，固化所选区域。使用"保留"按钮选择的区域呈绿点，使用"去除"按钮选择的区域呈粉点。笔者对图片中的黑色上衣进行了保留，保留效果如图 10.6 所示。

08 完成所选区域后单击右上角的"确认"按钮，进入如图 10.7 所示的页面。

图 10.6

图 10.7

09 接下来通过"文字描述""快捷模板""高级自定义"自行设置生成的图片，也可以通过"复刻其他任务"复制生成的图片。

10 单击"文字描述"按钮，在文本框中输入要生成的图片的内容。笔者在文本框中输入了"一位年轻有活力的女性，蓬松的金色短发，高度细致的皮肤，细节逼真的眼睛，自然的皮肤纹理，自信的表情，背景是街边，晴天，阳光，明亮，夏日午后，清晰对焦，高品质，超逼真。"，如图 10.8 所示。

图 10.8

11 单击"开始生成"按钮，生成的效果如图 10.9 和图 10.10 所示。

图 10.9

图 10.10

12 单击"快捷模板"按钮，选择合适的模特类型和场景类型。

模特包括"推荐模特"和"定制模特"两种类型，分别如图10.11和图10.12所示。

"推荐模特"是根据地域来选择模特类型的，人脸不是固定的；

"定制模特"是提供固定的人脸供选择。

图10.11   图10.12

13 单击"开始生成"按钮，即可生成图片。如图10.13和图10.14所示为笔者选择"欧洲女人""波浪发""青年""微笑"等模特的特点，以及"小巷"场景生成的图片。

图10.13   图10.14

14 单击"高级自定义"按钮，在"正向咒语"和"反向咒语"文本框中分别输入正向咒语和反向咒语。

"正向咒语"描述的是想要生成的图片内容；"反向咒语"描述的是不想要生成的图片内容。

如图10.15所示，笔者在"正向咒语"文本框中输入的是"一个美丽的长发女孩，提着包，穿着白色的裤子，户外，明亮的淡蓝色天空"，在"负向咒语"文本框中输入的是"奇怪的手"。

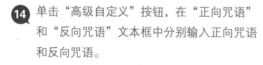

图10.15

15 单击"开始生成"按钮，生成的效果如图10.16所示。

16 单击"复刻其他任务"按钮，选择"任务号"和"执行次数"，单击"开始生成"按钮，生成的效果如图10.17所示。

图 10.16

图 10.17

用美图设计室给商品换模特及场景

美图设计室在前面已经提到过，这里不再过多赘述。这一节主要介绍美图设计室在电商领域的应用，与此相关的功能板块有"AI 模特试衣"和"AI 商品图"。

基本使用方法

01 打开 https://www.x-design.com/ 网址，注册并登录后，页面如图 10.18 所示。

> 提示：最好用美图秀秀手机版扫码登录，因为打开后其具体操作工具需要登录美图秀秀账号登录才可使用。

图 10.18

02 从首页中我们可以看到，美图设计室主要分为"设计工具"和"设计模板"两大功能板块。

"设计工具"包括智能抠图、AI LOGO、AI 消除、AI 商品图、AI 模特试衣、图片编辑、AI 鞋服、AI PPT、变清晰、AI 海报等。

"设计模板"提供了大量的模板，一键套用，方便创作者创作。接下来我们主要针对电商行业应用比较广泛的"AI 模特试衣"和"AI 商品图"展开介绍。

"AI 模特试衣"的具体操作方法

美图设计室的"AI 模特试衣"工具与 PhotoMagic 工具的操作方法类似。

01 单击"AI 模特试衣"按钮，进入如图 10.19 所示的页面。

图 10.19

02 针对所需的图片类型上传真人试穿图，如图 10.20 所示页面。

03 接下来单击"编辑保留区"按钮，进行抠图。笔者对原图模特头上的发带进行了消除，抠图优化后的效果如图 10.21 所示。

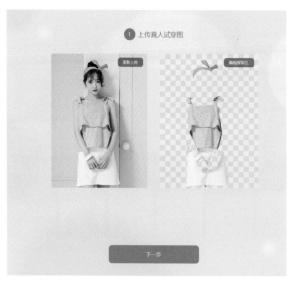

图 10.20

图 10.21

04 选择合适的模特风格，单击"创建"按钮，笔者选择了如图 10.22 所示的模特风格。

05 生成的效果如图 10.23 所示。

图 10.22   图 10.23

"AI 商品图"的具体操作方法

01 单击"AI 商品图"按钮，进行产品图片的效果生成，页面如图 10.24 所示。

02 单击"上传图片"按钮，笔者上传了一瓶香水的商品图，如图 10.25 所示。

图 10.24   图 10.25

03 接下来进行抠图优化。如图 10.26 所示，左侧蓝色区域为选中的需要从画面中精确提取出来的产品部分，右侧为抠图完成后呈现的效果。

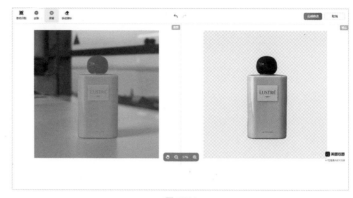

图 10.26

04 抠图完成后，选择想要的"场景"效果和添加合适的"素材"，笔者选择"家具大理石"场景和一朵花，如图 10.27 所示。

图 10.27

05 选择完成后，单击"去生成"按钮，即可生成想要的效果图，如图 10.28 和图 10.29 所示。

图 10.28

图 10.29

用 Flair AI 给商品图换场景

Flair AI 简介

Flair AI 是一种基于人工智能技术的创新图像生成软件，利用先进的算法和模型，能够迅速有效地生成高质量、有创意且吸引人的图像，满足使用者在品牌推广、产品展示、内容创作等方面的需求。

Flair AI 有两大功能板块，一是给商品换场景，二是给衣服类产品换模特及场景。此工具的背景去除功能强大，还有非常丰富的场景模板可供选择，对从事电商行业的人来说，Flair AI 是非常方便的，利用它可以高效率地出图，节省时间成本。

需要注意的是，对普通用户来说，Flair AI 是有免费点数使用的，但是超过限制后，需要开通订阅才可使用，费用是每个月 9.99 美元。

为电商产品更换背景的操作方法

01 打开 https://app.flair.ai/ 网址，注册并登录后进入如图 10.30 所示的页面。

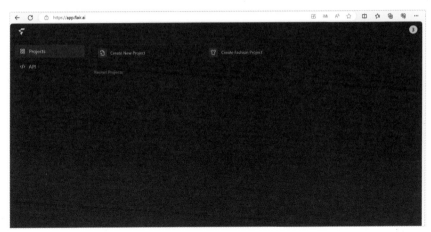

图 10.30

02 单击左侧的 Projects 按钮，右侧显示 Create New Project 和 Create Fashion Project 两大板块。Create New Project 板块的功能主要是针对一些诸如洗面奶、护手霜、香水等商品图的处理。Create Fashion Project 功能板块主要是针对一些衣服类产品图片的处理。

03 单击 Create New Project 按钮，进入如图 10.31 所示的页面。

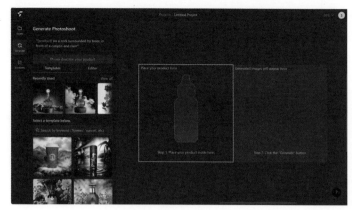

图 10.31

04 单击左侧的 Assets 按钮，再单击 Upload Product Photo 按钮，上传需要处理的图片，笔者上传的一款香水瓶图片如图 10.32 所示。

05 图片上传后会弹出抠背景的窗口，单击 Remove 按钮，即可去除背景。单击 Skip 按钮，无须去背景，直接进行下一步。笔者想给商品换背景，所以要把原背景去除，单击 Remove 按钮，如图 10.33 所示。

图 10.32

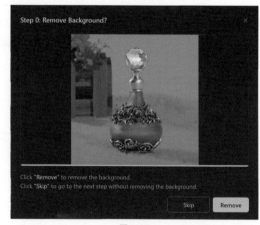

图 10.33

06 接下来进行去背景的设置，描述商品信息，AI 根据描述词进行抠图去背景，也可以不输入任何提示词，按软件内置的抠图功能进行抠图。笔者使用 a perfume bottle 描述词抠图去背景，如图 10.34 所示。

07 单击 Continue 按钮，即可开始去背景，一定要保证去除完背景的图片在左侧绿色框里，如图 10.35 所示。

图 10.34

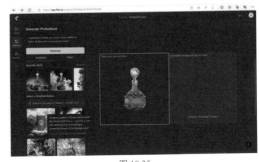

图 10.35

08 为图片进行选择场景，单击左侧的 Generate 按钮可进行场景选择设置，单击左侧的 Elements 按钮，可以添加一些诸如展台、花、水果等之类的元素。

笔者想给商品加一个展台和装饰的花儿和水果，单击左侧的 Elements 按钮在 Platforms 中选择展台形状，在 Flowers 中选择花的样式，在 Fruit and vegetables 中选择水果样式，在 Background 中选择合适的背景元素，笔者选择的具体元素如图 10.36 所示。

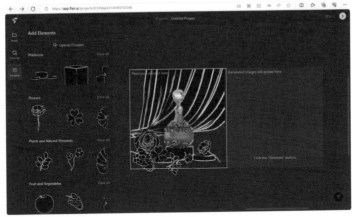

图 10.36

09 单击左侧的 Generate 按钮选择场景，在 Templates 中有许多场景模板可供选择。选中场景图后，单击 Editor 按钮，即可对场景进行设置。具体设置如下。

》product：设置商品的信息，如图 10.37 所示。

图 10.37

» Placement/Surrounding/Background/Custom: 设置场景的细节及风格样式，如图 10.38 和图 10.39 所示。

» Number of results: 设置生成的数量，如图 10.40 所示。

图 10.38

图 10.39

图 10.40

» Reference Image: 设置参考场景图，笔者选择的场景如图 10.41 所示。

» Correct Color: 色彩校正，一般默认为开启状态。

» Render strength: 设置渲染强度。

» Color strength: 设置颜色强度。

» Outline strength: 设置轮廓强度。

» 初次使用可以保持以上参数为默认状态，如图 10.42 所示。

图 10.41

图 10.42

10 单击左上方的 Generate 按钮，即可开始生成。笔者生成的效果如图 10.43 所示。

11 图片生成后自动跳转到 Edit（编辑）界面，可对其进行二次编辑，编辑完成后，单击 Download image 按钮，即可对生成的图片进行保存，如图 10.44 所示。

图 10.43

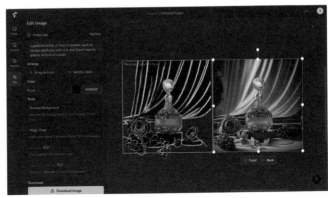

图 10.44

为服装添加模特的操作方法

01 单击 Create Fashion Project 按钮，进入如图 10.45 所示的页面。

02 单击 Upload tops,T shirts or Sweaters 按钮，上传衣服图，笔者上传的图片如图 10.46 所示。

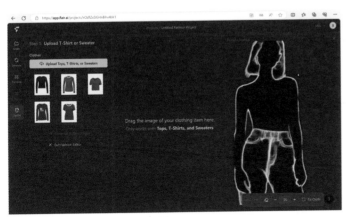

图 10.45

图 10.46

03 选择场景及模特动作后得到的效果如图 10.47 所示。

> 提示：简单衣服类效果较好，复杂类衣服可能会出现衣服与模特不贴合情况。

图 10.47

第 11 章
AI 在教育领域的
具体应用

用好机友 AI 出考试题

本节主要介绍好机友 AI 魔方世界在教育领域的应用，通过使用 AI 可以自行出题以便更好地学习，对学生和老师来说实用性非常高。

基本使用方法

01 打开 https://www.bjgphoto.com.cn/ 网址，登录后进入主页，单击左侧的"对话"按钮，即可开始让 AI 出题。

02 在文本框内输入文字指令，比如想要 AI 根据《藤野先生》这篇语文课文出 5 道题，在文本框中输入"你是一名语文老师，现在要针对鲁迅《藤野先生》这篇课文，出 5 道考试题，满分 100 分，标好分值。"的文字指令，如图 11.1 所示。

你是一名语文老师，现在要针对鲁迅《藤野先生》这篇课文，出5道考试题，满分100分，标好分值。

 联网

图 11.1

03 单击右侧的生成按钮或者按 Enter 键，即可生成题目。AI 生成的题目如图 11.2 所示。

题目一：阅读理解（20分）
根据鲁迅《藤野先生》一文内容，回答以下问题：

　　1. 描述藤野先生的性格特点。（5分）
　　2. 为什么藤野先生对自然界的变化如此敏感？（5分）
　　3. 藤野先生的人生态度是怎样的？请举例说明。（10分）

题目二：文学欣赏（20分）
鲁迅的《藤野先生》描写了一个普通人的生活，通过对藤野先生的刻画，展现了一个思想家的形象。请结合课文内容，回答以下问题：

　　1. 藤野先生是一个怎样的人物形象？（10分）
　　2. 你认为藤野先生在现实生活中有哪些值得我们学习的地方？（10分）

题目三：写作（30分）
请以《藤野先生》为题，写一篇800字左右的文章，从藤野先生的人生经历和人生态度出发，谈谈你的感悟和思考。（30分）

题目四：创作（20分）
以藤野先生为主角，编写一段对话或小故事，展示藤野先生的智慧和人生观。（20分）

题目五：开放题（10分）
请你发挥想象力，以鲁迅《藤野先生》为背景，自由发挥，写一篇与藤野先生相关的文章，可以是续写、改编、或是其他创作形式。（10分）

注意：以上题目仅供参考，具体题目可以根据学校教学大纲和考试要求进行适当调整。

图 11.2

04 接下来再让 AI 生成答案，把问题列出来让 AI 对以上 5 个问题进行回答，笔者输入的文字指令如图 11.3 所示。

题目一：阅读理解（20分）
根据鲁迅《藤野先生》一文内容，回答以下问题：

描述藤野先生的性格特点。（5分）
为什么藤野先生对自然界的变化如此敏感？（5分）
藤野先生的人生态度是怎样的？请举例说明。（10分）
题目二：文学欣赏（20分）
鲁迅的《藤野先生》描写了一个普通人的生活，通过对藤野先生的刻画，展现了一个思想家的形象。请结合课文内容，回答以下问题：

藤野先生是一个怎样的人物形象？（10分）
你认为藤野先生在现实生活中有哪些值得我们学习的地方？（10分）
题目三：写作（30分）
请以《藤野先生》为题，写一篇800字左右的文章，从藤野先生的人生经历和人生态度出发，谈谈你的感悟和思考。（30分）

题目四：创作（20分）
以藤野先生为主角，编写一段对话或小故事，展示藤野先生的智慧和人生观。（20分）

题目五：开放题（10分）
请你发挥想象力，以鲁迅《藤野先生》为背景，自由发挥，写一篇与藤野先生相关的文章，可以是续写、改编、或是其他创作形式。（10分）

请对以上五个大问题做出回答。

图 11.3

05 单击生成按钮或者 Enter 键后，自动生成答案，AI 针对问题做出的回答如图 11.4 所示。

题目一：

1. 藤野先生的性格特点是勤奋、坚韧和敏感。他是一个勤奋工作的人，经常忙于农田的耕作和农活，不辞辛劳。他的坚韧体现在他不畏艰辛，从不放弃，始终坚持自己的理想和追求。而他对自然界变化的敏感性则表现在他对动植物的观察和了解，他能够准确地预测天气和农作物生长的情况。

题目二：

1. 藤野先生是一个智慧和善良的人物形象。他对于农田的管理和农作物的生长有着深入的了解，并且能够通过自己的观察和经验做出准确的判断和决策。他善良的一面表现在他对待动植物的关怀，他认为动植物也有生命和感受，因此他不忍心伤害它们。

2. 藤野先生在现实生活中值得我们学习的地方有很多。首先，他的勤奋和坚韧精神是我们应该学习的，他不畏艰辛，勤奋工作，从不放弃自己的目标。其次，他的敏感性和观察力也是我们可以借鉴的，他能够通过对自然界的观察和经验做出准确的判断和决策。最后，他的善良和关怀也是值得我们学习的，他不忍心伤害动植物，这种善良的态度值得我们去模仿。

题目三：
《藤野先生》
藤野先生是一个勤奋、坚韧和敏感的人。他的一生都在农田中度过，他努力工作，从不辞辛劳。他对自然界的变化非常敏感，能够通过自己的观察和经验做出准确的判断和决策。在他的一生中，他始终坚持自己的理想和追求，不放弃自己的目标。藤野先生的人生态度值得我们学习，他对待农田和动植物充满了关怀和善意，他认为动植物也有生命和感受，因此他不忍心伤害它们。他的人生经历和人生态度给了我很大的感悟和思考，我深深地被他的勤奋、坚韧和善良所打动，我也希望能够像他一样，勇敢追求自己的梦想，对待生活充满热情和关怀。

题目四：
藤野先生和他的邻居小明在田间里劳作着。突然，藤野先生看到了一只被困在网中的小鸟，它挣扎着想要飞走，可是却没有办法脱身。藤野先生立刻跑过去，轻轻地将网解开，小鸟终于自由了。小明不解地问："藤野先生，那只小鸟只是一只普通的鸟，您为什么要尽力去救它呢？"藤野先生笑着说："对于我来说，每一条生命都是宝贵的，无论是人还是动物。我相信每一个生命都有它存在的价值和意义。"小明被藤野先生的智慧和人生观所打动，他决定以后也要像藤野先生一样，对待生活中的每个人和事都充满关怀和善意。

图 11.4

用 TalkAI 练口语及写作

TalkAI 练口语简介

　　TalkAI 练口语是深圳市惊叹科技有限公司旗下的一款专注提升口语能力的 AI 学习对话应用，采用国内先进的智能对话技术，支持多种语言的个性化对话，应用内设有初级、中级、高级 3 个级别，帮助学习者逐步锻炼口语能力。

　　该 AI 工具最大的亮点是采用智能 AI 技术大模型，使用者可以与 AI 自由对话，每天随问随答，不仅可以练习听力，还可以一键翻译听不懂的内容。此外，该应用还提供模拟雅思口语考试的功能，帮助用户进行自我评估，也可以用 AI 来写作、翻译。

　　该应用是社交恐惧症患者的福音，不用担心面对真人时的恐惧，只需对着手机中的虚拟人进行对话，既不紧张也不尴尬。

基本使用方法

01 打开 Talk AI 练口语 App，注册并登录后，自动进入"快速问答"界面，此环节和 Hi echo 软件中的了解学习需求和测评个人语言掌握等级一样，都是为了 AI 更进一步地了解个人需求，以便更好地学习，"快速问答"界面如图 11.5 所示。

02 点击下方的"对话"按钮，即可进行对话交流。在对话的过程中，AI 会根据对话针对发音、语法、用法进行打分以更好地进行对话优化。笔者与 AI 进行的英语对话如图 11.6 所示。

03 点击下方的"AI 角色"按钮，即可进行角色对话，主要分为"语言学习""角色扮演""趣闻游戏"3 大板块。

　　"语言学习"包括作文写作批改、句子成分分析、句子精简等功能，界面如图 11.7 所示。

图 11.5

图 11.6

图 11.7

在"角色扮演"板块可以与影视作品中的人物进行 AI 对话，对话风格与影视作品中的人物性格是一致的。"角色扮演"界面如图 11.8 所示。

在"趣闻游戏"板块用户可以通过一些益智游戏来学习。"趣闻游戏"界面如图 11.9 所示。

04 点击"AI 视频"按钮，即可与各类型的虚拟口语教练进行视频对话。

> 提示：此功能付费才可使用。

图 11.8

图 11.9

用 ImagestoryAI 生成视频形式的儿童故事绘本

ImagestoryAI 简介

ImagestoryAI 是一款专为非专业内容创作者设计的绘本故事生成神器。只需输入想要表达的核心思想，即可轻松生成精美的儿童绘本插画故事。该工具的一大特色为可以生成视频类绘本，也可以选择绘本插画的类型。

基本使用方法

01 在微信小程序里搜索"童话故事 ImagestoryAI"，小程序界面如图 11.10 所示。

02 点击"故事创作"按钮，即可开始创作。笔者生成的视频故事如图 11.11 所示。

图 11.10

图 11.11

第12章
AI 在产品设计领域的
具体应用

AI 对产品设计的帮助

什么是产品设计

从广义的角度来说，一切能够满足客户需求的实物或服务都可以被定义为产品，例如电热壶是产品，旅游线路也是产品。但受到本书内容的约束，在此将产品定义为能够满足客户需求的实物，大如建筑，小如鼠标、键盘、椅子、衣服、箱包等，均在本书中被定义为产品。

产品设计是指将创意、技术、功能和美学等因素有机地融合在一起，最终形成一款具有特色、满足用户需求的产品的过程。实现这个目标，要考虑多种要素，比如产品功能、外观设计、材料选择、生产工艺、成本控制等。

如果不考虑品牌与市场，产品设计的一般流程可以概括为以下几个步骤。

» 需求分析：与客户沟通，确定设计类型、用途、面积、功能和风格等要素。

» 方案设计：设计师着手设计初稿。这一阶段包括初步概念设计和细节设计。

» 立项评审：提交设计方案，并经过客户或相关部门的审批和评审。

» 产品图设计：将设计方案转化为可实施图纸，并进行深化设计，包括材料选择、细节处理、构造技术等。

» 制造和生产：制订生产计划，确保生产的顺利进行，进行产品的批量生产。

了解 AI 对产品设计的帮助

实际上，在上面展示的设计过程中，AI 可以参与到各个环节中，但考虑到本书主要讲解的是视觉创意设计，因此，在此重点剖析 AI 在方案设计、产品图设计方面的使用。

具体来说，AI 对产品设计有如下帮助。

» 创意激发：帮助设计师获得大量灵感，这几乎是 Midjourney 最重要的作用。

» 快速原型：帮助设计师快速依据自己的创意设计思路，可视化他们的想法。

» 增加设计多样性：根据不同的客户需求和主题，快速生成多样性的视觉内容。

» 创意推敲：通过生成大量不同主题、不同风格的艺术品，帮助产品设计师寻找灵感，创作出更加出色的设计作品。

» 材料和色彩选择：生成带有特定材料和颜色的图像，从而帮助设计师更好地选择材料和配色方案。

选择合适的 AI 设计产品

落实到具体的产品设计 AI 软件方面，针对初学者笔者推荐 Midjourney，对于有一定基础的设计师笔者推荐 Midjourney+Stable Diffusion 组合。

Midjourney、Stable Diffusion 软件的初级入门操作，推荐读者选看笔者编著的相关图书。

本章讲述的示例以 Midjourney 软件为主，为了简化书写，后面将 Midjourney 简称为 MJ。

使用 AI 设计产品的通用商业思路

虽然 AI 软件在国内设计领域的时间很短，但已经有了不少成功的商业案例。

例如，2023 年初，有网友在小红书 App 上发布了一款使用 AI 设计的小绿裙，如图 12.1 所示。虽然图片是插画风格，裙子也并非实物展示，但其款式仍然获得了许多网友的认可。

商家根据网友对小绿裙的反馈及建议，快速推出了相关产品，并通过小红书将潜在用户引流到电商平台，立即产生了动销，如图 12.2 和图 12.3 所示。

这一成功的商业落地案例，充分证明了 MJ 在设计领域的商业价值。

图 12.1

图 12.2

图 12.3

通过这个小案例可以看出来，用 AI 软件做产品设计是可以形成一个完整的商业闭环的。即首先通过媒体集中展示用 AI 软件设计的产品，来吸引感兴趣的用户，然后根据用户反馈调整设计方案，最终通过电商或私域成交。

在这个过程中，媒体平台具有收集产品设计信息，培养潜在客群的作用。由于 AI 软件设计效率很高，因此可以快速根据以上信息进行产品设计迭代，最终推出叫好又叫座的产品。

当然，不得不提的是，在这种商业闭环中，产品设计的后端供应链必须强大，因为所有设计方案在媒体平台上公开透明，所以存在跟风甚至抄袭的潜在风险。

Midjourney 产品设计方法论

通过概念具象化进行设计

　　产品设计的出发点有时是虚无缥缈的概念，在传统的设计流程中，要在设计中将这些概念具象化需要做许多工作，但在 Midjourney（以下简称 MJ）设计流程中，只需将这些概念加入提示词，就能够批量获得融合这些概念的方案。例如，在下面的第一个方案里，关键词使用了 FIFA World Cup 与 Pura vida，前者是国际足联，后者的意思是"纯粹的生活""美好的生活"等，这个短语被认为是哥斯达黎加（Costa Rica）文化的象征，如图 12.4 所示。

图 12.4

The stadium will host the FIFA World Cup in Costa Rica in the year 2034. The inspiration for the building is the costarican expression "Pura vida". By Santiago Calatrava --ar 3:2 --v 6

　　第二个方案使用的关键词是 water sleeve（水袖）和 flowing cloth（飘带），如图 12.5 所示。

　　第三个方案使用的关键词是 Chinese knot（中国结），如图 12.6 所示。

图 12.5

architecture design pavilion inspired by water sleeve or flowing cloth --ar 16:9 --s 500 --v 6

图 12.6

architecture design pavilion inspired by water sleeve or Chinese knot --ar 16:9 --q 2 --s 500 --v 6

　　MJ 在产品设计中的思维发散是没有局限性的，不同元素风格的提示词可能有不同的效果。

　　例如，在下面所示的方案中，使用 mushroom（蘑菇）、wood material（木质材料）关键词生成的设计图，如图 12.7 所示。

图 12.7

Stylish table lamp design in <u>mushroom</u> shape,<u>wood material</u>, black and gray lampshade，There are many regular holes on the lampshade --style raw --stylize 750 --v 6

　　第五个图案中使用的关键词是 metal lines and glass lines（金属线与玻璃线），rotated and twisted（旋转扭曲），如图 12.8 所示。

图 12.8

Hexagonal Vase is made of <u>metal lines and glass lines</u> that are <u>rotated and twisted</u> at intervals，Clay material, with Chinese classical continuous pattern on the surface --v 6 --s 750 --ar 3:2 --style raw

　　第六个方案中使用的关键词是 spiral lines（螺旋）与 gold and diamond（黄金钻石），如图 12.9 所示。

图 12.9

Spiral Dance Earrings，The earrings elegantly blend <u>spiral lines</u> in their shape, ,<u>gold and diamond</u> ,white background --v 6 --s 750 --ar 3:2

通过模仿知名设计师风格进行设计

对于刚进入设计行业的新手，要完成一个设计方案，比较好的方法之一莫过于模仿知名设计师的设计风格，然后在其基础上进行调整。

如果要生成知名设计师风格的作品，可以在提示词中加入 in style of 或 design by 这样的关键词，然后加上设计师的名字。例如，下面的设计方案参考了建筑设计领域知名设计师被誉为"建筑界的女王"的扎哈·哈迪德（Zaha Hadid）的风格，她的作品充满了动感和独特的几何美感，如图 12.10 和图 12.11 所示。

图 12.10   图 12.11

The ceiling is modern with impressive curves in <u>Zaha Hadid style</u>

此外，在建筑行业中，还可以引用隈研吾（Kengo Kuma）、弗兰克·盖里（Frank Gehry）、伦佐·皮亚诺（Renzo Piano）、贝聿铭（I.M. Pei）、大卫·阿贝尔（David Chipperfield）、理查德·迈耶（Richard Meier）、凯利·韦斯特勒（Kelly Wearstler）等知名设计师的名字。如图 12.12~图 12.15 所示为主要提示词不变，改变设计师名后的效果。

图 12.12   图 12.13

a lobby in quarry concept and nature in between, <u>Kengo kuma design</u> --ar 16:9 --q 2 --v 6   <u>David Chipperfield</u> design

图 12.14   图 12.15

<u>Richard meier</u> design   <u>Kelly Wearstler</u> design

又如在设计珠宝产品时，可以加入笔者收集的十大珠宝设计师的名字：Wolfers Frères、Henri Vever、Paul Brandt、Raymond Templier、Lacloche Frères、Rubel Frères、Suzanne Belperron、Pierre Sterlé、Donald Claflin、Aldo Cipullo。

在提示词中添加设计师的名字后，可以看到生成的效果有明显变化，如图 12.16~ 图 12.19 所示。随着 MJ 软件算法更新及训练数据库越来越大，会有越来越多知名设计师的风格被纳入数据库，这对任何一位刚入行的设计师而言，都是巨大到无法忽视的设计资源宝库。

图 12.16

图 12.17

in style of <u>Wolfers Frères</u>,jewelry design,necklace design,gemstones and diamonds,luxury, shot by canon eos R5, Delicate, elegant, detailed intricate,photorealistic , product view, --s 150 --v 6

in style of <u>Paul Brandt</u>,jewelry design,necklace design,gemstones and diamonds,luxury, shot by canon eos R5, Delicate, elegant, detailed intricate,photorealistic , product view, --s 150 --v 6

图 12.18

图 12.19

in style of <u>Donald Claflin</u>,jewelry design,necklace design,gemstones and diamonds, shot by canon eos R5, photorealistic , product view, --s 150 --v 6

in style of <u>Pierre Sterlé</u>,jewelry design,necklace design,gemstones and diamonds, shot by canon eos R5, photorealistic , product view, --s 150 --v 6

　　在学习并熟悉了垂直领域的设计风格后，还可以添加其他领域有个性的设计师名字。例如，如图 12.20 和图 12.21 所示的设计中添加了弗兰克·盖里 Frank Gehry，他是一位建筑师，作品以大胆的线条和不规则的形状著名，被认为是结构主义和分形几何学的杰出代表。

图 12.20

图 12.21

ring jewelry designs based on Frank Gehry sketches 4k

Earring jewelry design , Frank Gehry style,shot by canon eos R5, Delicate, elegant, detailed intricate,photorealistic , product view, --s 150 --v 6

　　将"建筑界的女王"的扎哈·哈迪德（Zaha Hadid）的风格与不同的领域结合也会产生不同的美感和风格。

　　在珠宝设计的提示词中添加 in style of Zaha Hadid，得到的珠宝设计风格便充满线条美感，如图 12.22 所示。在背包设计的提示词中添加 Zaha Hadid style 同样可以得到具有流线型的书包设计风格，如图 12.23 所示。

图 12.22

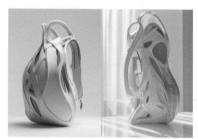

图 12.23

in style of Zaha Hadid,necklace jewerly design,product view,minimalist --v 6 --s 550

white background,product photography, futuristic Hermes backpack, white and yellow,Zaha Hadid style --ar 2:3 --s 750 --v 6 --v 6 --s 750

　　如图 12.24 所示的作品添加的艺术家名字是 H.R. Giger，他是瑞士著名的艺术家，他的作品风格以黑暗、扭曲、生物机械融合为主题，涵盖了绘画、雕塑、装置艺术、设计等领域。最著名的作品是为电影《异形》中 Alien 设计的生物造型，他的设计对科幻和恐怖电影、游戏、文化等方面都产生了深远影响。

　　在珠宝设计的提示词中加上 H.R.Giger style，AI 创作出来的设计草稿便会带有魔幻、阴沉、奇幻的设计风格。

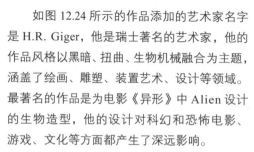

图 12.24

jewelry design,necklace design,in style of H.R. Giger , gemstones and diamonds,luxury, shot by canon eos R5, Delicate, elegant, detailed intricate,photorealistic , product view, --s 150 --v 6

以地域风格进行创意设计

在民族文化的发展过程中，逐渐形成了包括风土人情、习俗传统、语言方言、建筑风格、饮食文化、艺术表现形式等多种类同源的文化特点，这种地区独有的身份认同和文化标志我们称之为民族地域风格。

例如，中国传统的民族风格设计，经常使用龙、凤、莲花等传统文化符号，以及水墨、丝绸、宫殿等民族元素，辅以紫砂、玛瑙、珍珠等传统宝石材料，表现中国传统文化的魅力。云南的苗族风格设计，经常使用银、珠子、羽毛等传统材料，以及银质手镯、耳环、项链等传统设计元素，表现苗族文化的独特魅力。阿拉伯地区的设计经常使用愿望树、月亮、五颜六色的玻璃和金属等，印度地区的设计常常使用黄金、银、珠宝等贵重材料，以及钻石、宝石、珍珠等宝石材料，呈现出豪华、繁复、绚丽的特点，通常加入印度教神话中的宝石，以及恒河、婆罗门神等传统文化符号。

因此，在使用MJ做各类产品设计时，如果能够较好地强化地域风格设计概念，也可以获得好的方案，如图12.25~图12.28所示，下面是常见的地域风格关键词。

» 亚洲：中国风 Chinese style、日本风 Japanese style、印度风 Indian style、伊斯兰艺术 Islamic art、波斯艺术 Persian art、古埃及艺术 ancient egyptian art

» 欧洲：古希腊风 Ancient Greek style、古罗马风 Ancient Roman style、巴洛克风格 – Baroque style

» 非洲：古埃及风 Ancient Egyptian style、非洲部落艺术 African tribal art、非洲现代艺术 African modern art

» 北美洲：印第安艺术 Native American art、美洲艺术 Native American modern art

» 南美洲：古代印加文化艺术 Ancient Inca cultural art、拉丁美洲现代艺术家的作品 Works of modern Latin American artists

图 12.25

Earring jewelry design,Chinese style,shot by canon eos R5, Delicate, elegant, detailed intricate,photorealistic,product view, --s 150 --v 6

图 12.26

Earring jewelry design,Arabian style,shot by canon eos R5, Delicate,elegant, detailed intricate,photorealistic, product view, --s 150 --v 6

图 12.27

图 12.28

Earring jewelry design,Chinese style,shot by canon eos R5, Delicate, elegant, detailed intricate,photorealistic,product view, --s 150 --v 6

Earring jewelry design,Indian style,shot by canon eos R5, Delicate, elegant, detailed intricate,photorealistic,product view, --s 150 --v 6

如图 12.29 和图 12.30 是使用 MJ 做建筑室内创意设计时，加入不同的地域风格关键词后得到的效果。

图 12.29

Interior design,a concept office,It has Rural style and natural atmosphere , Wooden furniture and decoration --ar 16:9 --q 2 --s 850 --v 6

图 12.30

Interior design,a concept office,It has Egyptian style , marble columns, polished brass accents, velvety textures, antique furniture --ar 16:9 --q 2 --s 300 --v 6

　　如果生成图像后，感觉地域风格不够浓郁，还可以添加这些风格的典型性设计元素。下面是常见的设计风格及在设计中常用的设计元素，加入这些关键词可以强化珠宝的风格特征，如图 12.31 和图 12.32 所示。

　　» 中国风格：龙凤 dragon and phoenix、蝴蝶结 butterfly knot、古钱币 ancient coins 等。

　　» 中国西藏风：佛像 Buddhist statues、珊瑚 coral、羊毛 wool、唐卡 Thangka、宝相花 Ashtamangala、经幢 Sutra streamers 等。

　　» 印度风格：莲花 lotus、象征神力的手印 hasta mudra、彩色宝石 colored gemstones、印度手工艺品 Indian handicrafts、饰有花卉和动物的印度式图案 Floral and animal motifs、印度蕾丝 Indian lace、神像 Idols、彩绘壁画 Mural pMJntings 等。

　　» 非洲风格：象牙 ivory、狮子 lion、斑马纹 zebra stripes、黄金 gold、金字塔 Pyramid、法老王雕像 Pharaoh statue、太阳神阿蒙 Sun god Amun、猫头鹰像 Sphinx、埃及花瓶 Egyptian vase 等。

　　» 美洲印第安风格：羽毛 feathers、图腾 totems、珊瑚 coral、珍珠 pearls 等。

　　» 北欧风格：维京传说 Viking legends、锤子 hammer、斧头 axe 等。

　　» 阿拉伯风格：星月 crescent and star、阿拉伯文 Arabic calligraphy、珍珠 pearls 等。

　　» 伊斯兰艺术（Islamic art）：阿拉伯骑士 Arabesque、麦地那 Mihrab、穹顶 Dome、彩色玻璃 Colored glass、葡萄花纹 Grapes pattern。

　　» 波斯艺术（Persian art）：波斯花纹 Persian motifs、科莫 Komo、库曼 Koumeh。

　　» 古希腊风（Ancient Greek style）：雅典娜神像 Statue of Athena、柱廊 Colonnade。

　　» 古罗马风（Ancient Roman style）：罗马柱 Roman column、罗马雕塑 Roman sculpture、军旗 Roman standards。

图 12.31

图 12.32

Earring jewelry design , Indian style,The jewelry shape is inspired by the <u>lotus shape</u> element shot by canon eos R5, Delicate, elegant, detailed intricate,photorealistic , product view, --s 150 --v 6

Earring jewelry design , Chinese style,The jewelry shape is inspired by the minimalist style of <u>dragon and phoenix</u> elements, shot by canon eos R5, Delicate, elegant, detailed intricate,photorealistic , product view, --s 150 --v 6

通过造型描述进行设计

在艺术设计中，设计师通常需要从自然界或人造物品中汲取造型的灵感，例如，仿羊驼的小风扇、仿刺猬造型的按摩锤。

这一思路与手法同样可以应用于 MJ 产品设计中。如图 12.33~ 图 12.40 所示设计中分别使用了鹰 eagle、翅膀 wing、羽毛 feathers、心形 heart、星星 stars、月亮 moon、穿着裙子跳舞的女人 dance woman in a dress 等。关于物体形态的描述，从图像也可以看出来，创意方案都是围绕着这些物体展开的。

图 12.33

jewelry design, earring design, earrings, classical, rococo period, silver, details, summer, eagle,wings, Lattice

图 12.34

necklace design,jewelry design ,Native American style, Incorporate feathers, Indian totems and coral elements, gemstone centerpiece, vibrant stone, delicate and sturdy gold chain, sparkling gemstone accents, simple yet eye-catching design --s 150 --v 6

图 12.35

jewelry design very delicate celestial ring unreal rendering 8k --ar 1:1 --v 6

图 12.36

jewelry design sakura ring, gold, realistic delicate design, Soft illumination, dreamy, fashion

图 12.37

necklace design,Jewelry design, <u>diadem with phoenix bird,</u> <u>Incorporate feathers elements,</u> ruby and obsidian, detailed intricate,photorealistic , product view, --s 150 --v 6

图 12.38

jewelry design ,ring design, pearls and diamonds,<u>small</u> <u>heart shape</u>,shot by canon eos R5, Delicate, elegant, detailed intricate,photorealistic , product view, --s 150

图 12.39

Earring jewelry design , sapphire and red gem ,<u>stars and</u> <u>moon</u>, shot by canon eos R5, Delicate, elegant, detailed intricate,photorealistic , product view, --s 150

图 12.40

jewelry design,a close up of a brooch ,<u>shape is dance</u> <u>woman in a dress</u>, classic dancer striking a pose, diamonds, shot by canon eos R5, photorealistic , product view, --s 550 --v 6

借助知名 IP 做产品设计

知名 IP 都有独特的形象和视觉设计，这些设计可以作为重要元素被应用到设计作品中。例如，星球大战的 IP 形象包括经典人物形象、星际飞船、激光剑等元素。

哈利·波特的 IP 形象包括霍格沃茨学院校徽、魔法草药、魔法棒等元素。

还可以将芭比娃娃的经典粉融入各种设计，用粉色宝石、粉色珍珠等材质来呈现；或者将睡美人的经典形象与产品设计产生关联，设计出唯美浪漫的风格，运用蕾丝花边、羽毛等元素来营造梦幻氛围。

如图 12.41～图 12.45 所示的设计中分别使用了星球大战 Star war、变形金刚 Transformers 等知名 IP。除了上述 IP，国内外类似的 IP 还有许多，都可以成为创意的灵感来源。需要注意的是，在使用知名 IP 的形象和视觉元素时，要事先获得版权方的授权。

图 12.41

a jewelry design,<u>star war themed</u> ring, gemstones and diamonds,luxury, shot by canon eos R5, Delicate, elegant, detailed intricate,photorealistic,product view, --s 150 --v 6

图 12.42

a jewelry design,<u>alien themed</u> ring, gemstones and diamonds,luxury, shot by canon eos R5, Delicate, elegant, detailed intricate,photorealistic,product view, --s 150 --v 6

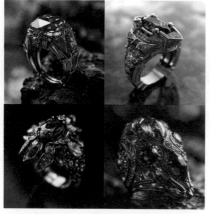

图 12.43

jewelry design,<u>Transformers themed</u> ring, gemstones and diamonds,luxury, shot by canon eos R5, Delicate, elegant, detailed intricate,photorealistic,product view, --s 150 --v 6

图 12.44

jewelry design,<u>Barbie themed</u> ring, gemstones and diamonds,luxury, shot by canon eos R5, Delicate, elegant, detailed intricate,photorealistic,product view, --s 150 --v 6

图 12.45

<u>star war</u> themed sofa --ar 3:2 --s 190 --v 6.0

依据成功的产品衍生设计方案

利用 MJ 软件的图生图功能，可以从成功的设计作品中衍生出大量新的创意造型。操作时首先要上传参考图片，然后按前面章节讲述的方法，复制此图片的链接，再添加想要的关键词，并使用参数来控制参考图片对最终生成图片的影响权重。

图 12.46

图 12.47

通过查看如图 12.46 所示的珠宝，可以总结出海葵花 Anemone flower、蓝宝石 sapphires、钻石 diamonds 等关键词，据此可以撰写出如图 12.47 所示的提示词。

jewelry design,Anemone Aqua ring by Sicis,The delicate petals of an Anemone flower are perfectly captured in micro mosaic in this ring Set with aquamarines, sapphires and diamonds ,White gold,Sophisticated, Ornate, Expensive,shot by canon eos R5, photorealistic , product view, --s 550 --v 6

图 12.48

图 12.49

通过查看如图 12.48 所示的珠宝，可以总结出朋克风格 punk-inspired、尖刺 spikes、蓝宝石 sapphires 等关键词，据此可以撰写出如图 12.49 所示的提示词。

Jewelry Watch Design, Punk Style Women's High Jewelry Watch ::1 3 18K White Gold Bracelet Fully Set with 11,043 Blue Brilliant Cut Sapphires, Crystal Dial, Diamond Hands, Gorgeous, Expensive, Realistic, Product Browse,--v 6

通过照片生成创意造型

利用 MJ 的图生图功能，可以从成功的设计作品中衍生出大量新的创意造型。

操作时首先要上传参考图片，然后按前面章节讲述的方法，复制此图片的链接，再添加想要的关键词，并使用 --iw 参数来控制参考图片对最终生成图片的影响权重。

例如，如图 12.50 所示是笔者从网上找到的珠宝设计作品，然后利用不同的权重参数 --iw，生成了 4 种与原图不同的珠宝设计方案，如图 12.51~ 图 12.54 所示。

在提示词中，https://s.MJ.run/_PxsihZiyvQ 为笔者上传的参考图，提示词中的其他部分均为常规描述。

图 12.50

图 12.51

https://s.MJ.run/_PxsihZiyvQ jewelry design, Ornate, Expensive, photorealistic , product view, --s 550 --v 6 --iw 2

图 12.52

https://s.MJ.run/_PxsihZiyvQ jewelry design, Ornate, Expensive,photorealistic , product view, --s 550 --v 6 --iw 1.5

图 12.53

https://s.MJ.run/_PxsihZiyvQ jewelry design, Ornate, Expensive,photorealistic , product view, --s 550 --v 6 --iw 1

图 12.54

https://s.MJ.run/_PxsihZiyvQ jewelry design, Ornate, Expensive,photorealistic , product view, --s 550 --v 6 --iw 0.5